Cleverson Alessandro Thoaldo

INTRODUÇÃO À FÍSICA DAS PARTÍCULAS ELEMENTARES

Rua Clara Vendramin, 58 . Mossunguê . CEP 81200-170 . Curitiba . PR . Brasil
Fone: (41) 2106-4170
www.intersaberes.com
editora@intersaberes.com

Editora-chefe
Lindsay Azambuja

Gerente editorial
Ariadne Nunes Wenger

Assistente editorial
Daniela Viroli Pereira Pinto

Preparação de originais
Gilberto Girardello Filho

Edição de texto
Arte e Texto Edição e Revisão de Textos
Palavra do Editor
Tiago Krelling Marinaska

Capa
Débora Gipiela (*design*)
Photoarte/Shutterstock(imagem)

Projeto gráfico
Débora Gipiela (*design*)
Maxim Gaigul/Shutterstock (imagens)

Diagramação
Muse design

Equipe de design
Iná Trigo

Iconografia
Maria Elisa Sonda
Regina Claudia Cruz Prestes

Dados Internacionais de Catalogação na Publicação (CIP)
(Câmara Brasileira do Livro, SP, Brasil)

Thoaldo, Cleverson Alessandro
Introdução à física das partículas elementares / Cleverson Alessandro Thoaldo. -- Curitiba, PR : Editora InterSaberes, 2024. -- (Série dinâmicas da física)

Bibliografia.
ISBN 978-85-227-0697-6

1. Física - Estudo e ensino 2. Partículas (Física nuclear) I. Título. II. Série.

23-158015 CDD-539.72

Índices para catálogo sistemático:
1. Física de partículas 539.72

Eliane de Freitas Leite - Bibliotecária - CRB 8/8415

1ª edição, 2024.
Foi feito o depósito legal.

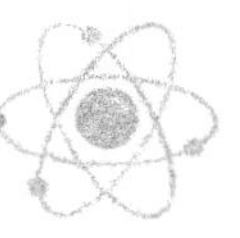

Sumário

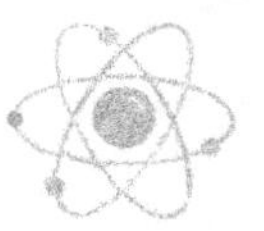

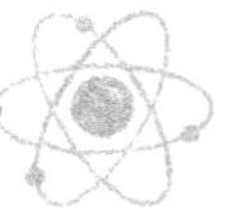

Exposição elementar

Esta obra visa proporcionar aos leitores o entendimento sobre a física das partículas elementares, sem perder o rigor necessário da matemática. Por reconhecermos a complexidade do assunto, sabemos que, quando alunos ou curiosos pretendem se aprofundar nesse tema, deparam-se com explicações difíceis de assimilar, além de equações complexas e poucos exemplos que possam ser aplicados.

Assim, para que os estudantes consigam compreender a temática de que trataremos nesta obra e desenvolver o raciocínio logico-matemático junto com a teoria, apresentaremos vários exemplos resolvidos.

A física das partículas elementares e suas interações são os temas principais deste livro, mas também abordaremos conceitos e técnicas matemáticas utilizados na teoria das partículas para explicar seus fenômenos. Além disso, apresentaremos uma breve introdução histórica sobre o assunto, com base em autores renomados da literatura da área.

Na década de 1930, físicos e cientistas acreditavam que a explicação de como seria a estrutura básica da matéria estava muito próxima de ser encontrada, pois já se sabia como o átomo era formado e de que modo a física quântica explicava tanto o átomo quanto o decaimento alfa de substâncias radioativas. Ainda, o misterioso decaimento beta havia sido resolvido. Porém, novas partículas começaram a ser descobertas no final da mesma década, e hoje em dia já são conhecidas centenas delas.

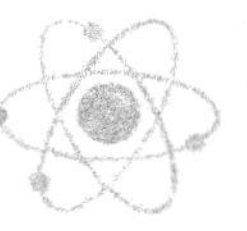

Muitas dessas descobertas foram realizadas de forma experimental por meio de equipamentos conhecidos como *aceleradores de partículas*, construídos justamente para observar o choque entre elas. Apesar dos esforços para aperfeiçoar esses equipamentos – aumentando assim a energia, com aceleradores cada vez maiores –, os cientistas reconhecem que será impossível conseguir energia suficiente para testar as diversas teorias, pois, para isso, seria preciso contar com a energia que deu início ao próprio Universo. Dessa maneira, o que podemos afirmar a respeito da física das partículas elementares é que ainda existem muitos mistérios a serem resolvidos.

Esta obra foi dividida em seis capítulos. No Capítulo 1, versaremos sobre os conceitos básicos da física de partículas e discorreremos sobre algumas das partículas conhecidas e suas interações fundamentais. Vale ressaltar que, nesse capítulo, apresentaremos a teoria de grupo separadamente, para um melhor entendimento, por se tratar de uma área da matemática que estuda as estruturas algébricas e que é aplicada na física de partículas.

No Capítulo 2, abordaremos os conceitos da eletrodinâmica quântica, referente à teoria quântica acerca dos campos eletromagnéticos. Explicaremos as definições de cada equação exposta, pois será preciso recorrer às abordagens quântica e da teoria do eletromagnetismo clássico, a fim de possibilitar uma melhor compreensão dos conceitos da eletrodinâmica quântica (EDQ, ou QED, do inglês *quantum electrodynamics*).

No Capítulo 3, discutiremos as interações fortes de altas energias, as interações entre hádrons e, também, o modelo a pártons, no qual se considera que o próton não é uma partícula elementar. Além disso, enfocaremos a colisão entre alguns tipos de partículas.

O tema do Capítulo 4 é a cromodinâmica quântica (QCD, do inglês *quantum chromodynamics*), considerada uma teoria moderna que descreve a interação forte. De início, apresentaremos a relação entre quarks e glúons, e, posteriormente, a violação do *scaling* de Bjorken nas interações fortes entre ambos. Vamos nos aprofundar na abordagem das equações de Dokshitzer-Gribov-Lipatov-Altarelli-Parisi (DGLAP) e trataremos, ainda, do fenômeno de hadronização em colisões de partículas em altas energias.

No Capítulo 5, examinaremos a teoria eletrofraca, que consiste na união de duas outras teorias, a eletromagnética e a da interação fraca. Nesse contexto, avaliaremos a violação de paridade, os decaimentos do múon e do píon e a invariância.

Por fim, no Capítulo 6, analisaremos a teoria do modelo padrão, desenvolvida para explicar as propriedades e interações de todas as partículas. Ademais, discorreremos sobre a teoria da grande unificação, que se constitui em uma única teoria que consegue explicar a relação entre as quatro formas de interação da natureza.

Como aproveitar ao máximo este livro

Empregamos nesta obra recursos que visam enriquecer seu aprendizado, facilitar a compreensão dos conteúdos e tornar a leitura mais dinâmica. Conheça a seguir cada uma dessas ferramentas e saiba como estão distribuídas no decorrer deste livro para bem aproveitá-las.

> Neste capítulo, trataremos dos conceitos da eletrodinâmica quântica (EDQ, ou QED, do inglês *quantum electrodynamics*), que descreve os campos eletromagnéticos.
>
> Como lidar com uma partícula eletricamente carregada e que está sujeita a um campo magnético segundo os conceitos da mecânica quântica? Além de algumas abordagens da teoria quântica – como a teoria do eletromagnetismo clássico –, teremos de levar em conta a relatividade restrita à transformação de Lorentz para que você possa compreender melhor os conceitos da QED. Isso porque ela é considerada por muitos pesquisadores como a teoria quântica de campos mais bem-sucedida, isto é, que obtém o melhor entendimento entre cálculo teórico e medida experimental.
>
> **2.1 Elétron em um campo magnético**
>
> A teoria da relatividade restrita, publicada por Albert Einstein em 1905, tornou-se fundamental em física, assim como as leis de Newton, as equações de Maxwell e a mecânica quântica.
>
> Lorentz e Larmor realizaram estudos relacionados ao comportamento do campo eletromagnético quando observado por referenciais diferentes (Tipler; Mosca, 2009). Entre 1897 e 1905, Poincaré desenvolveu a teoria para uma relatividade, faltando-lhe apenas relacionar a constância da velocidade da luz, independentemente da velocidade da fonte, que foi interpretada por Einstein em 1905 (Bassalo, 2006).
>
> 60

Primeiras emissões

Logo na abertura do capítulo, informamos os temas de estudo e os objetivos de aprendizagem que serão nele abrangidos, fazendo considerações preliminares sobre as temáticas em foco.

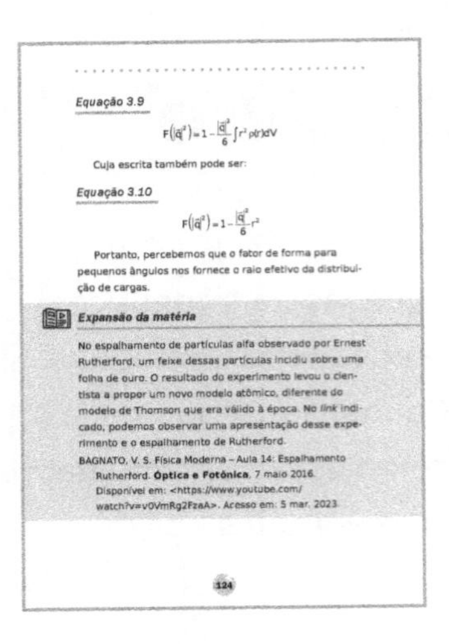

Equação 3.9

$$F\left(|\vec{q}|^2\right) = 1 - \frac{|\vec{q}|^2}{6}\int r^2 \rho(r)dV$$

Cuja escrita também pode ser:

Equação 3.10

$$F\left(|\vec{q}|^2\right) = 1 - \frac{|\vec{q}|^2}{6} r^2$$

Portanto, percebemos que o fator de forma para pequenos ângulos nos fornece o raio efetivo da distribuição de cargas.

Expansão da matéria

No espalhamento de partículas alfa observado por Ernest Rutherford, um feixe dessas partículas incidiu sobre uma folha de ouro. O resultado do experimento levou o cientista a propor um novo modelo atômico, diferente do modelo de Thomson que era válido à época. No *link* indicado, podemos observar uma apresentação desse experimento e o espalhamento de Rutherford.

BAGNATO, V. S. Física Moderna – Aula 14: Espalhamento Rutherford. **Óptica e Fotônica**, 7 maio 2016. Disponível em: <https://www.youtube.com/watch?v=v0VmRg2FzaA>. Acesso em: 5 mar. 2023.

124

Expansão da matéria

Para ampliar seu repertório, indicamos conteúdos de diferentes naturezas que ensejam a reflexão sobre os assuntos estudados e contribuem para seu processo de aprendizagem.

No entanto, também há leis de conservação muito importantes na física de partículas, como a conservação da estranheza e a conservação do número bariônico.

Na física de partículas, a conservação de energia exclui o decaimento de qualquer partícula no qual a massa total dos produtos do decaimento seja maior que a massa inicial da partícula antes do decaimento. A conservação da quantidade de movimento linear requer que, quando um elétron e um pósitron em repouso se aniquilam, haja a emissão de dois fótons.

O momento angular também deve ser conservado durante uma reação ou um decaimento.

Segundo a lei da conservação da carga elétrica, a carga elétrica antes do decaimento ou da reação deve ser igual à resultante depois do decaimento ou da reação.

Composição da matéria

Estranheza é uma propriedade da matéria relacionada ao tipo de quark que não usa propriedades usuais em sua produção e decaimento.

Na interação forte, a propriedade da estranheza não sofre alteração, como a que ocorre no encontro entre uma partícula e sua antipartícula, no qual há uma aniquilação de ambas as partículas, mas as energias assumem novas formas. Esse seria o caso da lei de conservação da estranheza.

32

Composição da matéria

Nesta seção, destacamos definições e conceitos elementares para a compreensão dos tópicos do capítulo.

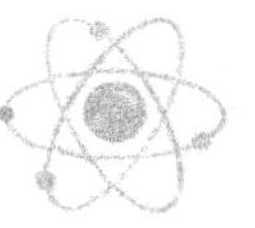

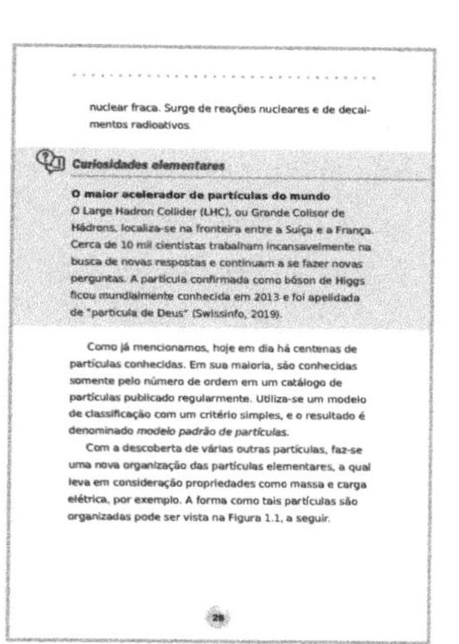

nuclear fraca. Surge de reações nucleares e de decaimentos radioativos.

Curiosidades elementares

O maior acelerador de partículas do mundo
O Large Hadron Collider (LHC), ou Grande Colisor de Hádrons, localiza-se na fronteira entre a Suíça e a França. Cerca de 10 mil cientistas trabalham incansavelmente na busca de novas respostas e continuam a se fazer novas perguntas. A partícula confirmada como bóson de Higgs ficou mundialmente conhecida em 2013 e foi apelidada de "partícula de Deus" (Swissinfo, 2019).

Como já mencionamos, hoje em dia há centenas de partículas conhecidas. Em sua maioria, são conhecidas somente pelo número de ordem em um catálogo de partículas publicado regularmente. Utiliza-se um modelo de classificação com um critério simples, e o resultado é denominado *modelo padrão de partículas*.

Com a descoberta de várias outras partículas, faz-se uma nova organização das partículas elementares, a qual leva em consideração propriedades como massa e carga elétrica, por exemplo. A forma como tais partículas são organizadas pode ser vista na Figura 1.1, a seguir.

28

Curiosidades elementares

Nestes boxes, apresentamos informações complementares e interessantes relacionadas aos assuntos expostos no capítulo.

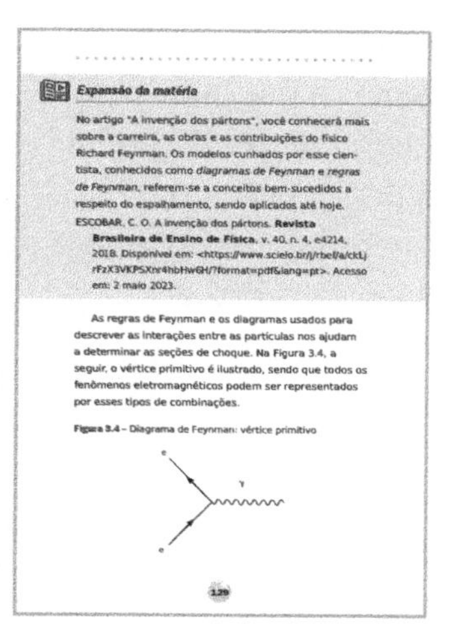

Expansão da matéria

No artigo "A invenção dos pártons", você conhecerá mais sobre a carreira, as obras e as contribuições do físico Richard Feynman. Os modelos cunhados por esse cientista, conhecidos como *diagramas de Feynman* e *regras de Feynman*, referem-se a conceitos bem-sucedidos a respeito do espalhamento, sendo aplicados até hoje.

ESCOBAR, C. O. A invenção dos pártons. **Revista Brasileira de Ensino de Física**, v. 40, n. 4, e4214, 2018. Disponível em: <https://www.scielo.br/j/rbef/a/ckLjrFzX3VKPSXnr4hbHwGH/?format=pdf&lang=pt>. Acesso em: 2 maio 2023.

As regras de Feynman e os diagramas usados para descrever as interações entre as partículas nos ajudam a determinar as seções de choque. Na Figura 3.4, a seguir, o vértice primitivo é ilustrado, sendo que todos os fenômenos eletromagnéticos podem ser representados por esses tipos de combinações.

Figura 3.4 – Diagrama de Feynman: vértice primitivo

129

Exemplo prático

Nesta seção, articulamos os tópicos em pauta a acontecimentos históricos, casos reais e situações do cotidiano a fim de que você perceba como os conhecimentos adquiridos são aplicados na prática e como podem auxiliar na compreensão da realidade.

Radiação residual

Neste capítulo, abordamos o desenvolvimento da física de partículas, desde sua ideia inicial até as interações fundamentais, que são a eletromagnética, a gravitacional, a nuclear forte e a nuclear fraca, bem como o modelo utilizado para classificá-las, ou seja, o modelo padrão de partículas.

Além disso, apresentamos um modelo matemático muito utilizado no desenvolvimento dos conceitos, chamado de *teoria dos grupos*, que explica as simetrias envolvidas na teoria das partículas. Por fim, explicamos em que consistem as partículas quarks, mésons e hádrons, assim como as antipartículas, focando suas propriedades.

Testes quânticos

1) De que maneira podemos diferenciar se um decaimento ocorre pela interação forte ou pela interação fraca?

2) Descreva a diferença entre bárions e mésons.

3) Marque V para as assertivas verdadeiras e F para as falsas.
   ( ) Todos os bárions são hádrons.
   ( ) Todos os hádrons são bárions.
   ( ) Todos os mésons são partículas com *spin* inteiro.
   ( ) Um lépton é uma combinação de três quarks.

Radiação residual

Ao final de cada capítulo, relacionamos as principais informações nele abordadas a fim de que você avalie as conclusões a que chegou, confirmando-as ou redefinindo-as.

Por fim, discutimos o conceito de espalhamento, que consiste em um fenômeno de interação entre as partículas e que pode ser entendido como um encontro entre elas.

Testes quânticos

1) Como podemos explicar de modo simples o choque entre um elétron e um fóton?

2) De que maneira é possível explicar por que se utiliza a probabilidade para encontrar um fóton em uma região de volume qualquer?

3) Assinale V para as assertivas verdadeiras e F para as falsas.
   ( ) No espalhamento inelástico, o estado se conserva.
   ( ) O espalhamento entre próton e elétron é chamado de *espalhamento Bhabha*.
   ( ) No espalhamento, Compton observou que o elétron recua, absorvendo energia, e o fóton espalhado tem menor energia.
   ( ) O espalhamento da luz por um elétron é considerado uma colisão entre um fóton de momento e um elétron estacionário.

   Agora, assinale a alternativa que apresenta a sequência correta:

   a) V, V, F, F.
   b) F, F, V, V.

Testes quânticos

Apresentamos estas questões objetivas para que você verifique o grau de assimilação dos conceitos examinados, motivando-se a progredir em seus estudos.

Está(ão) correta(s) a(s) sentença(s):

a) I, apenas.
b) II, apenas.
c) III, apenas.
d) I e II.
e) II e III.

Interações teóricas

Computações quânticas

1) Considerando-se que a matéria é formada por prótons, elétrons e nêutrons, não seria suficiente ter o conhecimento de tais partículas para entender as estruturas dos objetos? Reflita a respeito da busca pelo entendimento do sistema de partículas.

2) Com base na relação entre partículas e suas antipartículas, sendo possível a criação, em laboratórios, de prótons e antiprótons, elétrons e antielétrons e átomos e antiátomos, poderíamos predizer a existência de uma antiterra?

Relatório do experimento

1) Realize uma pesquisa com seus parentes e amigos sobre o que eles sabem acerca da estrutura da matéria, isto é, como eles acreditam que a matéria é formada e por quais partículas. Compare as respostas com as informações apresentadas neste capítulo.

58

Interações teóricas

Aqui apresentamos questões que aproximam conhecimentos teóricos e práticos a fim de que você analise criticamente determinado assunto.

Partículas comentadas

ANSELMINO, M. et al. **Introdução à QCD perturbativa**. São Paulo: Grupo GEN, 2013.

Esse livro traz uma abordagem moderna e fenomenológica que nos ajuda a refletir sobre os conceitos referentes à QCD perturbativa. A obra apresenta discussões sobre a evolução histórica que deu origem a uma nova teoria dinâmica para as interações fortes. Os exemplos envolvendo processos inclusivos e exclusivos são atuais e contextualizados com as descobertas científicas.

BASSALO, J. M. F. **Eletrodinâmica quântica**. São Paulo: Livraria da Física, 2006.

Destinada a estudantes de graduação em Física, essa obra apresenta tópicos de eletrodinâmica quântica. Em algumas partes do livro, os textos e os problemas são mais detalhados e aprofundados, razão pela qual o leitor precisa aguçar a concentração para abordá-los.

Partículas comentadas

Nesta seção, comentamos algumas obras de referência para o estudo dos temas examinados ao longo do livro.

Conceitos básicos de física de partículas

Na história da humanidade, muitos pensadores formularam conceitos a respeito do que é a matéria e de como funciona o Universo. Como exemplo, podemos citar o grego Demócrito (460-370 a.C.), que afirmou ser possível dividir a matéria em porções menores e, depois de realizar sucessivas divisões, chegar ao elemento indivisível e fundamental, o átomo. A própria palavra *átomo* significa "indivisível", em grego. Mesmo sem que tal fato pudesse ser realmente comprovado, o caminho começou a ser traçado, e as teorias acerca de como a matéria é formada começaram a surgir. Com o passar do tempo, muitos modelos atômicos foram desenvolvidos na tentativa de explicar a estrutura atômica. Das teorias mais recentes, publicadas em torno do século XIX, as principais são: o modelo atômico de Dalton, o modelo atômico de Thomson, o modelo atômico de Rutherford, o modelo atômico de Bohr e o modelo atômico quântico. Cada um deles procurou explicar como a matéria é formada, mas todos apresentaram falhas. Assim, a cada nova descoberta, um novo modelo era criado. O modelo atômico quântico é o mais complexo deles, pois envolve o conhecimento de diversos estudos e áreas em uma única teoria.

A física de partículas é uma temática vinculada às questões que nos remetem ao entendimento do que é a matéria, de como ela funciona e de quais são suas interações.

1.1 As quatro interações fundamentais

Atualmente, sabemos que os átomos estão presentes em tudo o que nos cerca. Toda e qualquer estrutura com que nos deparamos no dia a dia é feita de átomo. Contudo, os átomos não são os elementos mais fundamentais da matéria. Na descrição inicial da física de partículas, havia somente quatro partículas elementares: próton, nêutron, elétron e fóton. Hoje, no entanto, muitas outras partículas são conhecidas, graças a laboratórios sofisticados que contam com gigantescos aceleradores de partículas. Os cientistas, aliás, sempre estão à procura de encontrar novas partículas.

Os fenômenos físicos que presenciamos e a que estamos sujeitos diariamente podem ser descritos mediante quatro interações ditas *fundamentais*: a interação eletromagnética, a gravitacional, a nuclear forte e a nuclear fraca. Cada uma delas pode ser descrita por partículas de campo mediadoras, também chamadas de *quantas de campo*, associadas às forças de interações das partículas entre si.

Composição da matéria

A interação nuclear forte também é conhecida como *interação hadrônica*.

Como exemplo de interação eletromagnética, podemos citar a que ocorre entre um elétron e um núcleo atômico. Por sua vez, a atração entre quarks é uma interação forte. Já a interação fraca pode ser exemplificada pelo decaimento beta (β), quando um nêutron decai para próton por conta da emissão de um elétron e de um neutrino. Por fim, a interação gravitacional é a que governa todas as partículas que têm massa. Algumas partículas podem participar de todas as quatros interações, ao passo que outras, apenas de algumas delas.

Interações fortes

Os núcleos dos átomos são constituídos por prótons e nêutrons, que recebem o nome de *núcleons*. O número de prótons, ou número atômico, e o número de nêutrons são representados, respectivamente, pelas letras Z e N, e a soma de ambos é denominada *número de massa*, representado por A.

Um determinado elemento químico pode ser representado pela letra que o indica e por um índice superior que se refere ao número de massa A. Por exemplo, o elemento ouro tem seu nuclídeo representado por ^{197}Au, em que o número 197 corresponde ao valor de seu número de massa. Os nuclídeos podem ter o mesmo número atômico, mas diferentes números de nêutrons. Nesse caso, são chamados de *isótopos*. Além disso, são radioativos e sofrem um processo espontâneo de decaimento ou desintegração.

As distâncias dos raios dos núcleos são muito pequenas. Então, é conveniente adotar uma unidade chamada de *femtômetro*, sendo 1 femtômetro = 1 fm = 10^{-15} m. Com base em experimentos, foi possível determinar, para cada nuclídeo, um raio efetivo, dado pela seguinte equação:

Equação 1.1

$$r = r_0 A^{1/3}$$

Em que $r_0 \approx 1{,}2$ fm e A é o número de massa.

Um tipo de energia associada ao núcleo é a energia de ligação do núcleo, que consiste na diferença entre a energia de repouso total mc^2 e a energia de repouso Mc^2, ou seja:

Equação 1.2

$$\Delta E_{el} = \sum(mc^2) - Mc^2$$

Em que *m* é a massa das partículas que formam o núcleo e M é a massa de um núcleo. Essa energia de ligação não é a energia que existe no núcleo. Trata-se da energia de repouso do núcleo e da energia de repouso das partículas que o compõem; portanto, é uma medida conveniente para avaliar a estabilidade do núcleo.

Já a energia de ligação por núcleon corresponde à energia média necessária para conseguir retirar um núcleon do núcleo. Sua equação é dada por:

Equação 1.3

$$\Delta E_{eln} = \frac{\Delta E_{el}}{A}$$

A força no interior do núcleo que mantém unidos os prótons e os nêutrons deve ser maior que a força eletromagnética, já que existe uma força de repulsão entre os prótons. A força entre os nuclídeos é de curto alcance e, mediante experimentos, observou-se que seus efeitos não vão além de alguns femtômetros.

Um trabalho publicado em 1935 por Yukawa explica as forças nucleares de curto alcance que atuam entre os prótons e os nêutrons (Tipler; Mosca, 2009). O autor se baseou na equação relativística de Klein-Gordon, pensando em uma equação de onda para uma partícula de massa diferente de zero. Para pequenos valores de *r*, a força definida por Yukawa é:

Equação 1.4

$$F \approx \frac{g}{r^2}\left(1 - \left(\frac{mcr}{\hbar}\right)^2\right)$$

Em que $\hbar$ é a constante de Planck: $h = 6{,}63 \cdot 10^{-34}\ \mathrm{J} \cdot \mathrm{s}$ dividida por 2π e g é chamado de *constante de acoplamento* para a interação. Essa força é a que tem maior intensidade entre as quatro interações das partículas elementares, sendo responsável por manter unidos no núcleo do átomo os prótons e os nêutrons, e as partículas de campo associadas a ela são os glúons.

As partículas que participam de tais interações são chamadas de *hádrons* e podem ser separadas em dois tipos: os bárions e os mésons. Os bárions são constituídos por prótons e nêutrons e apresentam momento angular intrínseco, ou seja, *spin* igual a 1/2, 3/2, 5/2 etc. São partículas mais pesadas e estão presentes no núcleo do átomo.

Por sua vez, os mésons têm massa intermediária – entre as massas do elétron e do próton – e *spin* igual a 0, 1, 2 etc. As partículas que têm número quântico de *spin* nulo ou inteiro são chamadas de *bósons*. Já os fótons, partículas relacionadas a ondas eletromagnéticas, têm s = 1, isto é, são bósons.

Interações fracas

A primeira teoria referente à interação fraca foi proposta por Fermi, em 1933; com o passar dos anos, foi sendo aperfeiçoada por vários cientistas, como Feynman e Yang. As forças relacionadas às interações fracas explicam os decaimentos radiativos de partículas como os múons e os nêutrons, bem como as reações envolvendo o neutrino. Esse tipo de interação é mediado pelas partículas W e Z, chamadas de *partículas virtuais*, pelo fato de algumas partículas mediadoras terem energia, mas não massa. Podemos dizer que a força entre as partículas em interação tem como resultado uma emissão ou absorção de outras partículas.

Muitos físicos se depararam com dois problemas a serem esclarecidos: a conservação total da energia no decaimento beta e a conservação do momento angular e linear no decaimento do nêutron. Assim, a força fraca surgiu da necessidade de compreender os processos radioativos de decaimento. Atualmente, a nova teoria das interações fracas é a flavordinâmica, segundo a qual as interações eletromagnéticas e fracas são tratadas como uma única força: a força eletrofraca. Hoje se sabe que essa força é aproximadamente 10^{10} vezes menor que a força eletromagnética.

As partículas que participam da interação fraca, mas não das interações fortes são chamadas de *léptons*. Como exemplos temos os elétrons, os múons e os neutrinos, os quais são mais leves que o hádron mais leve. A própria palavra *lépton* significa "partícula leve", tendo sido escolhida para refletir a massa de tais partículas.

Os léptons são considerados partículas elementares, isto é, não são compostos por outras partículas. Ao todo, existem seis léptons: elétron, elétron neutrino, múon, múon neutrino, tau e tau neutrino. Vale ressaltar que cada um tem uma antipartícula, ou seja, eles têm as mesmas características das partículas elementares, mas apresentam carga elétrica oposta – temática que abordaremos mais adiante.

Interação eletromagnética

A interação eletromagnética ocorre entre duas partículas que têm carga elétrica e é descrita pela eletrodinâmica quântica (EDQ, ou QED, do inglês *quantum electrodynamics*), que se refere à união entre a teoria eletrodinâmica clássica e a mecânica quântica. Nessa teoria, as partículas carregadas realizam a interação mediante uma troca de fótons. Os fótons são, muitas vezes, chamados de *partículas mensageiras* da interação eletromagnética, pois é através deles que uma partícula carregada sente a presença de outra partícula. Assim, na interação magnética, o quantum é o fóton e tem uma massa de repouso nula.

Quando uma partícula emite um fóton, ele muda seu estado, de acordo com a lei de conservação de energia. No entanto, para os fótons virtuais, essa lei é preservada pelo princípio de indeterminação, definido por:

Equação 1.5

$$\Delta E \cdot \Delta t \approx \hbar$$

Podemos interpretar esse princípio pensando na possibilidade de variar a energia, violando a lei da conservação da energia, contanto que haja uma reposição no intervalo de tempo para que a violação não seja detectada. É exatamente assim que os fótons virtuais se comportam.

Na física clássica, a força eletromagnética pode ser estabelecida a partir da Lei de Coulomb, determinada experimentalmente no século XVIII por Charles Augustin de Coulomb (1736-1806). Conforme essa teoria, duas partículas carregadas podem se atrair ou se repulsar, a depender do sinal das cargas elétricas das partículas, pela seguinte equação:

Equação 1.6

$$F = \frac{1}{\varepsilon_0 \cdot 4\pi} \cdot \frac{Q_1 \cdot Q_2}{d^2}$$

Em que Q_1 e Q_2 são as cargas elétricas das partículas, *d* é a distância entre as partículas e $\varepsilon_0 = 8{,}85 \cdot 10^{-12}$ C²/Nm² corresponde à constante de permissividade no vácuo.

Já na eletrodinâmica quântica, os campos eletromagnéticos de uma partícula carregada são descritos por fótons virtuais, os quais, a todo momento, são emitidos e absorvidos pela partícula. De acordo com a QED, quando o elétron se encontra na presença do próton, existe a probabilidade de mudar seu estado, emitindo um fóton.

Interação gravitacional

A interação gravitacional atua em todas as partículas que têm massa. Contudo, de todas as interações fundamentais, é a mais fraca, dispondo de uma força de interação muito menor que a das outras.

A lei da gravitação universal enunciada por Isaac Newton consiste na teoria clássica da gravitação e explica a força de atração entre os corpos que têm massa, sendo a intensidade definida pela expressão:

Equação 1.7

$$F = G\frac{m_1 \cdot m_2}{d^2}$$

Em que m_1 e m_2 são as massas, $G \approx 6{,}674 \cdot 10^{-11} \frac{m^3}{kg \cdot s^2}$ é a constante de gravitação universal e *d* é a distância entre os corpos. Nessa lei, conhecemos apenas a forma como se dá a força de atração, mas não a origem da força. Tal origem só seria explicada anos mais tarde por Albert Einstein na teoria da relatividade geral, que é uma generalização da lei da gravitação universal.

Na interação gravitacional, o gráviton é o quantum do campo gravitacional, e sua massa de repouso é nula. Entretanto, ele ainda não foi observado. Apesar das muitas controvérsias sobre o gráviton, um fato é certo a respeito da interação gravitacional: trata-se da única de longo alcance e que sempre apresenta o mesmo sinal.

Exemplo prático I

Vamos supor que dois prótons estão separados por uma distância de $1 \cdot 10^{-15}$ m no núcleo de um átomo. Cada próton tem massa aproximada de $1{,}67 \cdot 10^{-27}$ kg e carga elétrica igual a $1{,}602 \cdot 10^{-19}$ C.

Considerando que a constante de Planck é $h = 6{,}63 \cdot 10^{-34}$ J · s e que a velocidade da luz é $c = 3 \cdot 10^{8}$ m/s e presumindo que a constante de acoplamento assuma um valor de $g = -0{,}5 \cdot 10^{-27}$ J · m, determine a força elétrica, a força de atração em virtude das massas e a força forte entre os prótons.

Solução

Determinando a força elétrica, pela Lei de Coulomb, temos:

$$F = \frac{1}{\varepsilon_0 \cdot 4\pi} \cdot \frac{Q_1 \cdot Q_2}{d^2}$$

$$F = \frac{1}{\left(8{,}85 \cdot 10^{-12} C^2 / Nm^2\right) \cdot 4\pi} \cdot \frac{\left(1{,}602 \cdot 10^{-19}\ C\right) \cdot \left(1{,}602 \cdot 10^{-19}\ C\right)}{\left(1 \cdot 10^{-15}\ m\right)^2} \approx$$

$$0{,}02307 \cdot 10^4 \approx 2{,}307 \cdot 10^2\ N$$

Calculando a força de atração em virtude das massas:

$$F = G \cdot \frac{m_1 \cdot m_2}{d^2}$$

$$F = \left(6{,}674 \cdot 10^{-11} \frac{m^3}{kg \cdot s^2}\right) \cdot \frac{\left(1{,}67 \cdot 10^{-27}\ kg\right) \cdot \left(1{,}67 \cdot 10^{-27}\ kg\right)}{\left(1 \cdot 10^{-15}\ m\right)^2} \approx$$

$$1{,}8613 \cdot 10^{-34}\ N$$

Agora, calculando a força forte entre os prótons, temos:

$$F \approx \frac{g}{r^2}\left(1-\left(\frac{mcr}{h}\right)^2\right)$$

$$F \approx \frac{-0{,}5 \cdot 10^{-27}\ \text{J} \cdot \text{m}}{(1 \cdot 10^{-15}\ \text{m})^2}\left(1-\left(\frac{\left(1{,}67 \cdot 10^{-27}\ \text{kg}\right)\left(3 \cdot \frac{10^8\ \text{m}}{\text{s}}\right)\left(1 \cdot 10^{-15}\ \text{m}\right)}{\frac{6{,}63 \cdot 10^{-34}\ \text{J} \cdot \text{s}}{2\pi}}\right)^2\right) \approx$$

$10{,}6 \cdot 10^3$ N

Assim, as forças são:

- força elétrica = $2{,}307 \cdot 10^2$ N
- força de atração gravitacional = $1{,}8613 \cdot 10^{-34}$ N
- força forte = $10{,}6 \cdot 10^3$ N

Nesse exemplo, é possível avaliar a intensidade e fazer um comparativo entre as três forças. De imediato, percebemos que a menor das três é a força gravitacional, a qual pode até mesmo ser desprezada quando se trata de subpartículas. Como a distância entre as partículas é muito pequena, a força forte assume um valor maior que a elétrica, mantendo, assim, os prótons perto do núcleo. No exemplo em questão, assumimos valores hipotéticos para *r* e *g*. O valor de *r* deve ser da ordem de 10^{-13} cm para que a força forte prevaleça, e a constante de acoplamento varia a depender de como o núcleo é afetado pelos estados de *spin* de outros prótons.

Podemos elaborar um mapa conceitual para as partículas elementares e para as interações fundamentais, fornecendo uma visão geral sobre o tema, na tentativa de construir e testar modelos explicando o Universo, bem como tabelas exemplificando as características de cada partícula. A esse respeito, a seguir, apresentamos uma lista com os nomes de algumas das partículas conhecidas, mas não nos preocupamos, *a priori*, com características como massa, carga elétrica etc.

- **Elétron**: partícula mais conhecida e mais estudada, pertencendo à categoria dos léptons.
- **Próton**: partícula localizada no núcleo do átomo, classificada como bárion, uma partícula formada por três quarks ligados por glúons.
- **Nêutron**: partícula localizada no núcleo do átomo, também classificada como bárion.
- **Fóton**: partícula que compõe a luz, sendo classificada como bóson. É denominada *quantum do campo eletromagnético*.
- **Gráviton**: partícula mediadora da força gravitacional, classificada como bóson.
- **Pósitron**: partícula classificada como antipartícula do elétron.
- **Antipróton**: partícula classificada como antipartícula do próton.
- **Antinêutron**: partícula classificada como antipartícula do nêutron.
- **Neutrino**: partícula que não tem carga elétrica, interagindo apenas pela força gravitacional e pela força

nuclear fraca. Surge de reações nucleares e de decaimentos radioativos.

Curiosidades elementares

O maior acelerador de partículas do mundo

O Large Hadron Collider (LHC), ou Grande Colisor de Hádrons, localiza-se na fronteira entre a Suíça e a França. Cerca de 10 mil cientistas trabalham incansavelmente na busca de novas respostas e continuam a se fazer novas perguntas. A partícula confirmada como bóson de Higgs ficou mundialmente conhecida em 2013 e foi apelidada de "partícula de Deus" (Swissinfo, 2019).

Como já mencionamos, hoje em dia há centenas de partículas conhecidas. Em sua maioria, são conhecidas somente pelo número de ordem em um catálogo de partículas publicado regularmente. Utiliza-se um modelo de classificação com um critério simples, e o resultado é denominado *modelo padrão de partículas*.

Com a descoberta de várias outras partículas, faz-se uma nova organização das partículas elementares, a qual leva em consideração propriedades como massa e carga elétrica, por exemplo. A forma como tais partículas são organizadas pode ser vista na Figura 1.1, a seguir.

Figura 1.1 – Organização das partículas elementares de acordo com as propriedades

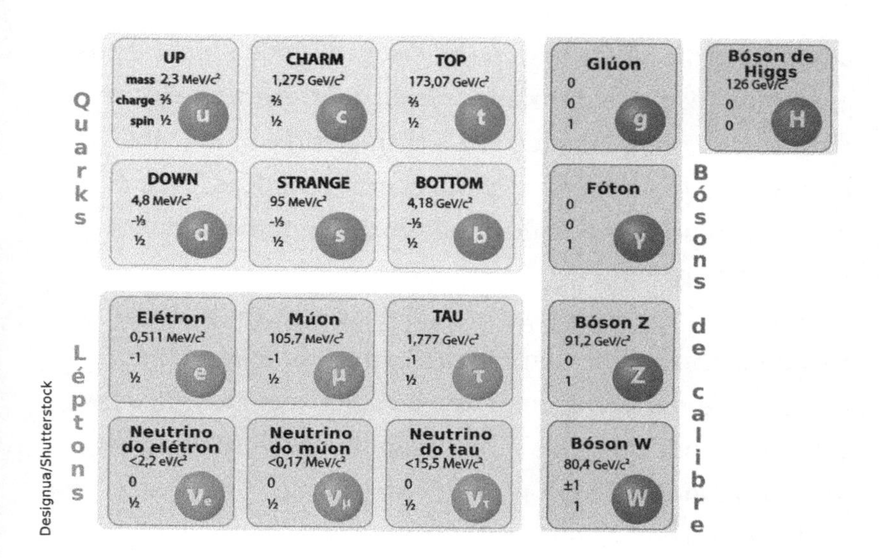

Nessa imagem, observe a divisão em dois grupos principais: os férmions e os bósons. Os primeiros são considerados as partículas da matéria, formados por léptons e quarks. Já os bósons são as partículas mediadoras, os bósons de Gauge e o bóson de Higgs, que realizam a interação.

As novas partículas encontradas são instáveis e transformam-se espontaneamente em outras partículas de acordo com as mesmas leis que regem o comportamento dos núcleos instáveis.

1.2 Simetrias na física

Para a física, o conceito de simetria está relacionado a algum tipo de variação que um sistema pode sofrer. Após essa mudança, ele permanece com as mesmas características de antes. Quando um sistema sofre uma transformação e mantém as mesmas características, dizemos que sofreu uma *operação de simetria*, sendo invariante sob a transformação.

A invariância define se um sistema tem simetria ou não quando se aplica uma transformação. Para o caso da física de partículas, existem as simetrias identificadas como CPT, relacionadas à reversão da carga (C), à reversão da paridade (P) e à reversão do tempo (T).

Pela simetria C, que trata da reversão da carga, a chance de um processo físico ocorrer ao mudar as partículas pelas antipartículas correspondentes é a mesma.

Já conforme a simetria P, relativa à reversão da paridade, mesmo com a inversão das coordenadas espaciais em relação à origem, o processo físico deve ser o mesmo. Nesse caso, o operador P transforma o vetor coordenada r em r', de tal modo que $r' = -r$, ou seja, $r' = P(r) = -r$.

Por fim, na simetria T, referente à reversão do tempo, mesmo com a inversão da direção da linha do tempo, o processo sofre as mesmas leis físicas. O operador T transforma t em $-t$.

A matemática Amalie Emmy Noether demonstrou um teorema – conhecido como *teorema de Noether* – segundo o qual, em dado sistema mecânico, é possível encontrar as constantes de movimento de uma função no formalismo lagrangiano, que combina a conservação da energia e o momento linear, ou no formalismo hamiltoniano, em que as forças são invariantes da velocidade. Esse teorema afirma que, para cada simetria das leis físicas, há uma lei de conservação correspondente.

Aplicando o teorema ao formalismo lagrangiano, considere que determinado fenômeno com *g* grau de liberdade é invariante às seguintes transformações:

Equação 1.8

$$q_i \to q'_i = q_i + \varepsilon\psi\left(q_i, t\right)$$

Equação 1.9

$$t \to t' = t + \varepsilon\chi\left(q_i, t\right)$$

Sendo ε um parâmetro. As funções ψ e χ são funções de g + 1 variáveis reais. Assim, a constante de movimento é dada por:

Equação 1.10

$$\sum_{i=1}^{g} \frac{\partial L}{\partial \dot{q}_1}\left(\dot{q}_1\chi - \psi_i\right) - \chi L$$

Então, quando falamos em *simetria*, é possível associá-la diretamente às leis de conservação. Na física clássica, as leis de conservação de energia e dos momentos linear e angular são conhecidas e muito aplicadas.

No entanto, também há leis de conservação muito importantes na física de partículas, como a conservação da estranheza e a conservação do número bariônico.

Na física de partículas, a conservação de energia exclui o decaimento de qualquer partícula no qual a massa total dos produtos do decaimento seja maior que a massa inicial da partícula antes do decaimento. A conservação da quantidade de movimento linear requer que, quando um elétron e um pósitron em repouso se aniquilam, haja a emissão de dois fótons.

O momento angular também deve ser conservado durante uma reação ou um decaimento.

Segundo a lei da conservação da carga elétrica, a carga elétrica antes do decaimento ou da reação deve ser igual à resultante depois do decaimento ou da reação.

Composição da matéria

Estranheza é uma propriedade da matéria relacionada ao tipo de quark que não usa propriedades usuais em sua produção e decaimento.

Na interação forte, a propriedade da estranheza não sofre alteração, como a que ocorre no encontro entre uma partícula e sua antipartícula, no qual há uma aniquilação de ambas as partículas, mas as energias assumem novas formas. Esse seria o caso da lei de conservação da estranheza.

O conceito de antipartícula será discutido na Seção 1.5, assim como o processo de aniquilação. Porém, vale mencionar desde já que toda partícula tem uma antipartícula de mesma massa e mesmo *spin*, mas cargas elétricas opostas (no caso de ser portadora de carga elétrica) e números quânticos com sinais também opostos. Quando uma partícula encontra sua antipartícula, as duas podem se aniquilar e, dessa maneira, ambas podem desaparecer.

Um exemplo dessa lei de conservação se refere ao encontro entre um elétron e o pósitron, mostrado na equação 1.11, produzindo-se dois raios gama. A energia total corresponde à soma das energias de repouso, considerando-se que o elétron e o pósitron estejam estacionários, sendo compartilhada por dois fótons. Pela lei da conservação do momento linear, os fótons serão emitidos em direções opostas.

Equação 1.11

$$e^- + e^+ \rightarrow \gamma + \gamma$$

Um fóton consiste na quantidade elementar da luz, também chamada de *quantum de luz*. A energia associada a um quantum de luz é dada por:

Equação 1.12

$$E = hf = \frac{hc}{\lambda}$$

Em que $h = 6{,}63 \cdot 10^{-34}$ J · s é a constante de Planck, *f* é a frequência e *c* é a velocidade da luz. Trata-se da equação de radiação do corpo negro de Planck, mas é conhecida como *equação de Einstein* ou *relação de Planck-Einstein*. Assim, temos que a menor energia possível para uma onda de luz é dada por *hf*, que é a energia do próprio fóton.

Exemplo prático II

Determine a energia cinética do neutrino *v* quando um píon positivo π^+ estacionário decai de acordo com a reação:

$$\pi^+ \rightarrow \mu^+ + v$$

Sabendo que a massa do píon é $m_\pi = 139{,}6$ MeV/c², a massa do neutrino é $m_v \approx 0$ e a massa do lépton é $m_\mu = 105{,}7$ MeV/c².

Solução

Escrevendo a equação de conservação de energia total, a energia de repouso mc^2 mais a energia cinética *k*, temos:

$$m_\pi c^2 + k_\pi = m_\mu c^2 + k_\mu + m_v c^2 + k_v$$

Fazendo $k_\pi = 0$, pois o píon estava estacionário, e substituindo as massas, obtemos:

$$139{,}6\,\text{MeV} + 0 = 105{,}7\,\text{MeV} + k_\mu + 0 + k_v$$

$$k_\mu + k_v = 139{,}6\,\text{MeV} - 105{,}7\,\text{MeV}$$

$$k_\mu + k_v = 33{,}9\,\text{MeV}$$

Usando a lei de conservação do momento linear *p*, percebemos que o píon estava estacionário no momento do decaimento $p_\pi = 0$. Então, o múon e o neutrino devem se mover em sentidos opostos. Para as componentes dos momentos das partículas em relação ao eixo de movimento (a direção do movimento das partículas), temos:

$$p_\pi = p_\mu + p_v$$

$$0 = p_\mu + p_v$$

$$p_\mu = -p_v$$

Para relacionar o momento *p* e a energia cinética K, utilizamos a relação entre o momento e a energia cinética relativística:

$$(pc)^2 = K^2 + 2Kmc^2$$

Como $p_\mu = -p_v$, então $(p_\pi c)^2 = (p_v c)^2$. Aplicando a equação relativística nos dois lados da igualdade, obtemos:

$$(p_\pi c)^2 = (p_v c)^2$$

$$K_\mu^2 + 2K_\mu m_\mu c^2 = K_v^2 + 2K_v m_v c^2$$

Lembrando que $m_v = 0$, temos:

$$K_\mu^2 + 2K_\mu m_\mu c^2 = K_v^2 + 0$$

Assim:

$$K_\mu^2 + 2K_\mu m_\mu c^2 = K_v^2$$

Da relação encontrada $k_\mu + k_\nu = 33,9\,MeV$, isolamos k_ν, ou seja, $k_\nu = 33,9\,MeV - k_\mu$, e explicitamos k_μ da equação anterior:

$$k_\mu = \frac{(33,9\,MeV)^2}{2 \cdot (33,9\,MeV + m_\mu c^2)}$$

$$k_\mu = \frac{(33,9\,MeV)^2}{2 \cdot (33,9\,MeV + 105,7\,MeV)}$$

$$k_\mu = 4,12\ MeV$$

A energia cinética do neutrino fica assim:

$$k_\nu = 33,9\ MeV - k_\mu$$

$$k_\nu = 33,9\ MeV - 4,12\ MeV$$

$$k_\nu = 29,8\ MeV$$

Apesar de os momentos serem iguais em módulo, percebemos que a maior parte da energia cinética se dirige para o neutrino.

Nas teorias quânticas relativísticas, nas quais a velocidade dos sinais não pode ser maior que a velocidade da luz no vácuo, a inversão do tempo $t \rightarrow -t$, a reversão da carga da partícula $\rightarrow$ antipartícula e a reversão da paridade $r \rightarrow -r$ deixam as funções de onda inalteradas, ou seja, $TCP\Psi(r, t) = +1\Psi(r, t)$, sendo que a ordem em que as operações são realizadas não é relevante. Antigamente, acreditava-se que a invariância era aplicada separadamente nas três operações, fazendo T = +1, C = +1 e P = +1. Porém, a paridade não é conservada na interação fraca e, para TCP = +1 nessa interação, outra operação também não deve ser conservada.

Em 1964, Christenson e outros conseguiram observar, no decaimento de K_L^0, que, em alguns casos, C = –1 (Tipler; Llewellyn, 2014). Assim, para que a invariância TCP fosse preservada, seria necessário que a invariância T fosse violada. Em 1960, Yochiro observou que, sob determinadas condições, a corrente elétrica atravessava alguns materiais sem sofrer resistência, dando indícios de uma quebra de simetria (Freire Jr.; Pessoa Jr.; Bromberg, 2011).

A quebra de simetria, apesar de parecer algo ruim quando consideramos a nomenclatura *quebra*, tem uma aplicação muito importante e explica vários fenômenos no Universo, como a existência da partícula e da antipartícula correspondente. Em seus estudos sobre quebra de simetria, Nambu, Kobayashi e Maskawa, ganhadores do Nobel de Física em 2008, explicaram que a violação CP é a causa de a matéria ser predominante no Universo, e não a antimatéria (GPET, 2018).

Ainda no período escolar, aprendemos que o Big Bang originou o Universo há aproximadamente 14 bilhões de anos. Com a explosão, foram lançadas ao espaço quantidades de matéria e de antimatéria que, pelos princípios físicos, deveriam anular-se. Contudo, esse fenômeno não aconteceu. Assim, Kabayashi e Maskawa propuseram uma quebra de simetria entre a matéria e a antimatéria de acordo com o modelo padrão, o qual explica propriedades e interações de todas as partículas (GPET, 2018). De acordo com tal modelo, há três famílias de quarks, as partículas que formam a matéria: logo no início do Big Bang, o plasma quark-glutão e, depois da explosão, os protões e os nêutrons. Essa teoria vem sendo confirmada pelas experiências realizadas nos grandes aceleradores de partículas.

1.3 A física e a teoria de grupos

Nesta seção, abordaremos a noção matemática de grupo, bem como os conceitos de estruturas algébricas, como anéis e corpos dotados de operações e axiomas. Diversos são os teoremas, as definições e as demonstrações estudados na teoria dos grupos, mas o conceito de grupos formaliza a ideia de simetria, ou seja, podemos entendê-la usando invariantes por grupos de transformação.

Ao tentar explicar a estrutura da matéria, desde a compreensão do elétron (descoberto por Thomson, em 1897), do próton (descoberto enquanto partícula por Ernest Rutherford) e do fóton, a teoria dos grupos ganhou espaço e influenciou, ainda que indiretamente, o modo de abordar as partículas conhecidas e os conceitos físicos. Isso porque a busca pelas simetrias naturalmente direciona aos conceitos de estrutura de grupos. Logo, com a descoberta de novas partículas, por volta de 1930, a descrição matemática utilizada passou a ser feita por meio da teoria dos grupos, visando à simetria e à unificação. Cada vez mais ela é empregada na descrição, na fundamentação e na previsão da física nova, principalmente em física de altas energias.

Tomando o conceito matemático de grupo de forma geral, dizemos que um grupo é composto por um conjunto não vazio, sobre o qual se define uma lei de composição. Esse grupo, que chamaremos de G, é ministrado por uma operação $\star$ se a cada par de elementos de G associarmos um único elemento também pertencente a G, ou seja, $(x, y) \rightarrow x \star y$.

A operação $\star$ pode ser de soma, subtração, multiplicação ou divisão. No entanto, para que seja um grupo, deve satisfazer a algumas propriedades. Portanto, por definição, um grupo G é um par ordenado (G, *) não vazio, em que * é uma operação, e deve satisfazer a algumas propriedades, a saber:

- **Propriedade associativa**: se mudarmos a ordem da operação, o resultado continuará sendo o mesmo: $\forall a, b, c \in G; (a \star b) \star c = a \star (b \star c)$
- **Elemento neutro**: deve existir um elemento neutro único de tal maneira que, aplicado à operação em um elemento *a*, o resultado seguirá sendo *a*: $\exists e \in G, \forall a \in G;\ a \star e = e \star a$
- **Elemento simétrico**: No conjunto deve existir um par de elementos, o elemento e seu simétrico, de tal forma que são únicos; ao se utilizar a operação estrela com esses dois elementos, gera-se como resultado o elemento neutro: $\forall a \in G, \exists a' \in G;\ a \star a' = a' \star a = e$

As operações $\star$ podem ser diversas. Entretanto, caso seja uma soma, o grupo será aditivo; sendo uma multiplicação, o grupo será multiplicativo.

Exemplo prático III

Considere o conjunto dos números inteiros Z e uma operação $\star$ tal que (Z, $\star$) é munido da operação $x \star y = x + y - 2$. O conjunto dessa operação é um grupo?

Solução

Devemos verificar as propriedades associativas, o elemento neutro e o elemento simétrico.

- Associativa

$$(a \star b) \star c = a \star (b \star c)$$

Resolvendo o lado esquerdo da igualdade: quando aparece a operação $\star$, devemos substituir pela operação dada, ou seja, trocamos a operação $\star$ dentro dos parênteses por $x + y - 2$, somamos o primeiro elemento com o segundo e subtraímos por 2:

$$(x \star y) \star z$$

$$(x \star y) \star z = (x + y - 2) \star 2$$

Agora, aplicamos novamente a operação $\star$ no resultado obtido. Desta vez, observe que o primeiro elemento é $(x + y -2)$ e o segundo é *z*. Devemos então subtrair por 2:

$$(x \star y) \star z = (x + y - 2) \star z = (x + y - 2) + z - 2$$

Arrumando os termos, temos:

$$(x \star y) \star z = x + (y - 2 + z - 2)$$

$$(x \star y) \star z = x + (y - 2 + z) - 2$$

$$(x \star y) \star z = x - 2 + (y + z - 2)$$

Fazendo o processo inverso, temos o primeiro termo *x*, a operação $\star$ e o segundo termo, dado por $(y + z - 2)$:

$$(x \star y) \star z = x \star (y + z - 2)$$

Ou seja, chegamos à propriedade associativa:

$$(x \star y) \star z = x \star (y \star z)$$

- Elemento neutro

$$a \star e = e \star a = a$$

Resolvendo o lado esquerdo da igualdade, temos:

$$x \star e = x$$

$$x + e - 2 = x$$

$$e = 2$$

Agora, o lado direito:

$$e \star x = x$$

$$e + x - 2 = x$$

$$e = 2$$

Logo, existe um elemento neutro $e = 2$.

- Elemento simétrico

$$a \star (-a) = (-a) \star a = e$$

Resolvendo o lado esquerdo da igualdade, temos:

$$x \star x' = e$$

$$x + x' - 2 = 2$$

$$x' = 4 - x$$

Agora, o lado direito:

$$x' \star x = e$$

$$x' + x - 2 = 2$$

$$x' = 4 - x$$

Logo, existe o elemento simétrico. Como as três propriedades foram verificadas, podemos dizer que Z é um grupo.

Assim, um grupo é um conjunto de elementos em que, para cada par ordenado de elementos, existe como correspondência um único elemento desse conjunto.

Existe uma infinidade de tipos de grupos, os quais podem ser na forma de polinômios, matrizes e vetores – como vetores no R^3, um conjunto de vetores no espaço tridimensional que formam um grupo infinito abeliano em relação à adição vetorial. Outro exemplo são os grupos de rotação, conjuntos de rotações de um vetor no R^3 em torno do eixo dos *z* de certo ângulo θ, também formando um grupo contínuo abeliano denotado por 0(2) ou SO(2).

A teoria dos grupos é usada no estudo das simetrias dos cristais, no momento angular e nas funções potenciais para a interação forte, por exemplo.

Na física de partículas, a teoria dos grupos passou a ter relevância quando Hermann Weyl, em 1928, revelou uma forte relação entre essa teoria e as leis da física quântica (Anselmino et al., 2013). Em 1931, Eugene Wigner publicou um trabalho em que mostrou evidências de que as regras da espectroscopia atômica, do estudo da interação entre a radiação eletromagnética com a matéria, podem ser entendidas por meio do estudo das simetrias vistas em resultados obtidos em espectroscópios (Anselmino et al., 2013). Em 1961, Murray Gell-Mann e Yuval Ne'eman, em trabalhos independentes, indicaram que a matemática hamiltoniana de interações fortes, quando fosse invariante pelo grupo chamado de SU(3), permitiria propor uma classificação coerente dos hádrons, na qual se usava a representação de octetos desse grupo, além de prever a existência de novas partículas elementares (Anselmino et al., 2013). Uma delas é a partícula Ω^-, detectada em 1964.

Inicialmente, vamos avaliar o espectro de energia sob a ação de um potencial esfericamente simétrico. Para isso, devemos considerar a equação de Schrödinger, que será discutida detalhadamente no Capítulo 2. Assim, será possível entender a relação entre a simetria do grupo de rotação $0^+(3)$ e o estado de energia nesse sistema.

Analogamente, temos a relação entre o espectro de massa dos hádrons e a simetria dos grupos SU(2) e SU(3).

Considere um potencial esfericamente simétrico definido por V(r) e uma partícula nesse potencial. Pela equação de Schrödinger, temos:

Equação 1.13

$$H\Psi(r) = E\Psi(r)$$

Em que Ψ é a função de onda dependente do vetor posição *r*, H representa o hamiltoniano e E é a energia. Da literatura, a solução dessa equação é dada por:

Equação 1.14

$$\Psi_{nlm}(r) = R_n(r) y_l^m(\theta, \phi)$$

Em que *n*, *l* e *m* são números quânticos inteiros da energia e dos momentos angular e magnético, respectivamente, sendo $R_n(r)$ a solução da equação diferencial:

Equação 1.15

$$R(r) \cdot \left\{ \frac{2m}{h^2} \left[E - V(r) \right] - \frac{l(l+1)}{r^2} \right\} + \frac{1}{R^2} \frac{d}{dr} \left(r^2 \frac{dR(r)}{dr} \right) = 0$$

E $y_l^m(\theta, \phi)$ satisfaz à equação de autovalores:

Equação 1.16

$$\hat{L}^2 y_l^m(\theta, \phi) = h^2 (l+1) y_l^m(\theta, \phi)$$

O termo $\hat{L}$ é o operador de momento angular que satisfaz às regras de comutação:

Equação 1.17

$$\left[\hat{L}_i, \hat{L}_j\right] = ih\varepsilon_{i,j,k}\hat{L}_k$$

Em que (i, j, k = x, y, z). Os operadores $\hat{L}_i$, (i = x,y,z) são os geradores do grupo $0^+(3)$. As possíveis soluções da equação de Schrödinger são conhecidas como *estados*, apresentando dependência dos números quânticos *n*, *l* e *m*, e a energia E tem dependência apenas de *n* e *l*.

Supondo que o potencial V(r) é coulombiano, a energia E terá dependência apenas de *n*. Logo, apresentará uma degenerescência de 2l +1 em relação ao número quântico *m*. Isso porque o potencial é esfericamente simétrico, sem dependência de θ e ϕ. Assim, dizemos que a hamiltoniana é invariante por rotação no grupo $0^+(3)$.

O grupo chamado de SU(2) é um grupo de grau 1 representado por matrizes T(nxn), as quais devem satisfazer à condição:

Equação 1.18

$$\left[T_i, T_j\right] = i\varepsilon_{i,j,k}T_k$$

Em que (i, j, k = 1, 2, 3) As transformações desse grupo são dadas por:

Equação 1.19

$$\Psi^{\alpha'} = \left(I + i \sum_{l=1}^{3} \delta\alpha_l T_l \right) \Psi^{\alpha}$$

Em que I é a matriz identidade e, sendo σ_i matrizes de Pauli, temos $T_1 = \frac{\sigma_1}{2}$. A função de onda Ψ^{α} é chamada de *spinor*. Nas interações relacionadas às forças fortes, os multipletos de isospin I, que são números quânticos, decorrentes do grupo SU(2), são formados por partículas de mesma massa. Como o isospin I é uma quantidade conservada nas interações fortes, significa que a hamiltoniana dessa interação é invariante. Porém, os multipletos são diferentes pela carga elétrica. Logo, a quebra de degenerescência se dá quando um termo função da interação eletromagnética é adicionado na hamiltoniana.

Ainda, existem outros grupos e formas que podem ser avaliados, como o grupo SU(3) e a teoria do grupo das permutações para N partículas, entre outros, que podem ser analisados com mais detalhes na literatura. Contudo, a ideia básica é que a teoria de grupos em problemas físicos considera a simetria e os problemas de autovalores.

1.4 Quarks, mésons, hádrons e outros elementos

Em 1963, Murray Gell-Mann e George Zweig determinaram o modelo do quark, considerado o avanço mais importante para se entenderem as partículas elementares (Anselmino et al., 2013). Nesse modelo, todos os hádrons são constituídos de combinações de duas ou três partículas elementares, chamadas de *quarks*, de três tipos: *up*, *down* e *strange* ("para cima", "para baixo" e "estranho", respectivamente), representados pelas letras *u*, *d* e *s*. De forma coletiva, são chamados de *sabores*.

Os quarks têm a particular propriedade de conter a carga fracionada do elétron. A carga do quark *u* é de +2/3 de *e*, e as cargas dos quarks *d* e *s* são de +1/3 de *e*. Cada quark tem *spin* igual a $\frac{1}{2}$ e um número bariônico de 1/3, conforme a Tabela 1.1. Os quarks *u* e *d* apresentam estranheza igual a zero, e o quark *s* tem estranheza de –1. Cada quark tem um antiquark de carga elétrica, número bariônico e estranheza com sinal oposto.

Tabela 1.1 – Representação dos quarks mais leves

			Números quânticos			
Sabor	**Partícula**	**Massa (MeV/c^2)**	**Carga q**	**Estranheza S**	**Número Bariônico B**	**Antiquark**
Up	u	50	$+\frac{2}{3}$	0	$+\frac{1}{3}$	$\bar{u}$
Down	d	10	$-\frac{1}{3}$	0	$+\frac{1}{3}$	$\bar{d}$
Charme	c	1 500	$+\frac{2}{3}$	0	$+\frac{1}{3}$	$\bar{c}$
Estranho	s	200	$-\frac{1}{3}$	–1	$+\frac{1}{3}$	$\bar{s}$
Top	t	175 000	$+\frac{2}{3}$		$+\frac{1}{3}$	$\bar{t}$
Buttom	b	1 300	$-\frac{1}{3}$		$+\frac{1}{3}$	$\bar{b}$

Fonte: Halliday; Resnick, 2016, p. 373.

Atualmente, existem ao todo seis tipos de quarks: além dos três já mencionados, há o quark *c*, com uma propriedade chamada de *charmed*; o quark *t*, denominado *top*; e o quark *b*, o *bottom*. Os seis quarks e seus antiquarks são pesados como toda partícula elementar. Na Tabela 1.2, a seguir, acompanhe a representação das propriedades dos quarks e dos antiquarks.

Tabela 1.2 – Propriedades dos quarks e dos antiquarks

Sabor	Spin	Carga	Número Bariônico	Estranheza	Charme	Topness	Battomness
Quarks							
u (up – para cima)	$\frac{1}{2}\hbar$	$\frac{2}{3}e$	$+\frac{1}{3}$	0	0	0	0
d (down – para baixo)	$\frac{1}{2}\hbar$	$\frac{1}{3}e$	$+\frac{1}{3}$	0	0	0	0
s (strange – estranho)	$\frac{1}{2}\hbar$	$\frac{1}{3}e$	$+\frac{1}{3}$	–1	0	0	0
c (charmed – charmoso)	$\frac{1}{2}\hbar$	$\frac{2}{3}e$	$+\frac{1}{3}$	0	+1	0	0
t (top – topo)	$\frac{1}{2}\hbar$	$\frac{2}{3}e$	$+\frac{1}{3}$	0	0	+1	0
b (bottom – base)	$\frac{1}{2}\hbar$	$\frac{1}{3}e$	$+\frac{1}{3}$	0	0	0	+1

Sabor	Spin	Carga	Número Bariônico	Estranheza	Charme	Topness	Battomness
Antiquarks							
$\bar{u}$	$\frac{1}{2}\hbar$	$-\frac{2}{3}e$	$-\frac{1}{3}$	0	0	0	0
$\bar{d}$	$\frac{1}{2}\hbar$	$+\frac{1}{3}e$	$-\frac{1}{3}$	0	0	0	0
$\bar{s}$	$\frac{1}{2}\hbar$	$+\frac{1}{3}e$	$-\frac{1}{3}$	+1	0	0	0
$\bar{c}$	$\frac{1}{2}\hbar$	$-\frac{2}{3}e$	$-\frac{1}{3}$	0	–1	0	0
$\bar{t}$	$\frac{1}{2}\hbar$	$-\frac{2}{3}e$	$-\frac{1}{3}$	0	0	–1	0
$\bar{b}$	$\frac{1}{2}\hbar$	$+\frac{1}{3}e$	$-\frac{1}{3}$	0	0	0	–1

Fonte: Tipler; Mosca, 2009, p. 220.

Nos dias de hoje, apesar dos esforços, nunca foi possível observar um quark isolado. Acredita-se, aliás, que é impossível obter quarks isoladamente e que a energia potencial entre dois quarks aumenta à medida que eles se separam cada vez mais. Logo, para que eles se separassem, seria necessária uma energia infinita.

Os bárions são as combinações de três quarks. Essas partículas subatômicas se enquadram na categoria de férmions, pois têm *spin* meio inteiro. Os exemplos mais comuns de bárions são os prótons e os nêutrons, mas podemos citar outras partículas, como lambda, sigma, xi, ômega e delta. O número bariônico dos quarks é $B = +\frac{1}{3}$. Portanto, o número bariônico de todos os bárions é $B = +1$.

Quando combinamos um quark e um antiquark, surgem os mésons, que estão na categoria de bósons, pelo fato de seu *spin* ser inteiro. Os mésons podem participar de interações fortes e fracas e da interação eletromagnética, caso apresentem carga elétrica. Assim, se tiverem carga elétrica, tenderão a decair, formando elétrons e neutrinos; se não tiverem, sofrerão decaimento, formando fótons. Os quarks têm número bariônico $B = +\frac{1}{3}$, e os antiquarks, $B = -\frac{1}{3}$. Assim, o número bariônico de todos os mésons é $B = 0$.

Da mesma forma que o número bariônico, os valores das cargas e da estranheza também são os esperados diante de tais combinações para formar os bárions e os mésons.

1.5 Antipartículas

Uma característica importante de uma partícula é o *spin*. As partículas de *spin* $\frac{1}{2}$ são descritas pela equação de Dirac, uma extensão da equação de Schrödinger, incluindo a relatividade restrita. Na teoria proposta por Dirac em 1927, prevê-se uma partícula cujas massas são iguais às de um elétron, mas com sinal oposto, para satisfazer às teorias quântica e da relatividade, ou seja, a antipartícula. A ideia é que, quando tal partícula se aproxima do elétron, as duas partículas deixam de existir, isto é, aniquilam-se, liberando dois fótons.

Até que, em 1932, Carl Anderson conseguiu detectar a antipartícula do elétron, o pósitron (Tipler; Mosca, 2009). Mais tarde, por volta de 1950, foram observados os antiprótons e os antinêutrons. Atualmente, é possível criar antipartículas usando o processo oposto da aniquilação.

Tais antipartículas não são criadas isoladamente, mas sempre em pares de partículas-antipartículas. O pósitron é uma partícula estável, porém seu tempo de vida é curto, por conta da grande quantidade de elétrons na matéria. Dessa forma, o destino de um pósitron é o aniquilamento, segundo a reação dada na equação 1.11, ou seja:

$$e^- + e^+ \rightarrow \gamma + \gamma$$

O antipróton, representado por p^-, foi descoberto por Emilio Segrè e Owen Chamberlain (Tipler; Mosca, 2009), que usaram um feixe de prótons no Bevatron, em Berkeley, produzindo a seguinte reação:

Equação 1.20

$$p^+ + A \rightarrow p^+ + A + p^+ + p^-$$

Para a criação de um próton-antipróton, é necessária uma energia cinética de, no mínimo, $2m_pc^2 = 1887$ MeV, em que dois prótons se aproximam um do outro com quantidades iguais de movimento, mas opostas. Ao se aproximarem, os antiprótons e o próton também se aniquilam, produzindo dois raios gama, conforme a seguinte equação:

Equação 1.21

$$p^+ + p^- \rightarrow \gamma + \gamma$$

Exemplo prático IV

Considere uma reação dada por $p^+ + p^- \rightarrow \gamma + \gamma$, em que um próton se aniquila com um antipróton em um sistema inicialmente em repouso, sendo a energia de repouso do próton de aproximadamente 938 MeV. Determine o comprimento de onda emitido pelos fótons.

Solução

Como o próton e o antipróton estão em repouso, pela conservação da quantidade de movimento, os dois fótons criados na aniquilação devem ter quantidades iguais de movimento, mas direções opostas. Assim, as energias, as frequências e os comprimentos de onda também serão iguais. Fazendo a energia dos dois fótons igual à energia de repouso do próton mais a do antipróton, temos:

$$2 \cdot E_\gamma = 2 \cdot m_p c^2$$

$$E_\gamma = m_p c^2$$

Pela relação de Planck-Einstein, a energia do fóton $E = hf = \frac{hc}{\lambda}$. Substituindo, temos:

$$E = \frac{hc}{\lambda}$$

$$\lambda = \frac{hc}{E}$$

$$\lambda = \frac{hc}{E_\gamma}$$

O valor de *h* corresponde à constante de Planck, igual a 6,62607004 · 10^{-34} m^2 kg/s, *c* é a velocidade da luz, igual a 299.792.458 m/s, e E_γ é a energia de repouso do próton, de, aproximadamente, 938 MeV. Logo, o valor do comprimento de onda do fóton será:

$$\lambda = \frac{6,62607004 \cdot 10^{-34}\,(m^2\,kg/s) \cdot 299792458\,(m/s)}{938\,MeV}$$

$$\lambda = 1,32 \cdot 10^{-6}\ nm$$

As ondas visíveis têm comprimento de onda no intervalo de 400 nm até 800 nm. Dessa forma, os fótons não estão dentro do espectro visível.

Radiação residual

Neste capítulo, abordamos o desenvolvimento da física de partículas, desde sua ideia inicial até as interações fundamentais, que são a eletromagnética, a gravitacional, a nuclear forte e a nuclear fraca, bem como o modelo utilizado para classificá-las, ou seja, o modelo padrão de partículas.

Além disso, apresentamos um modelo matemático muito utilizado no desenvolvimento dos conceitos, chamado de *teoria dos grupos*, que explica as simetrias envolvidas na teoria das partículas. Por fim, explicamos em que consistem as partículas quarks, mésons e hádrons, assim como as antipartículas, focando suas propriedades.

Testes quânticos

1) De que maneira podemos diferenciar se um decaimento ocorre pela interação forte ou pela interação fraca?

2) Descreva a diferença entre bárions e mésons.

3) Marque V para as assertivas verdadeiras e F para as falsas.

   ( ) Todos os bárions são hádrons.
   ( ) Todos os hádrons são bárions.
   ( ) Todos os mésons são partículas com *spin* inteiro.
   ( ) Um lépton é uma combinação de três quarks.

Agora, assinale a alternativa que apresenta a sequência obtida:

a) V, V, F, F.
b) F, F, V, V.
c) V, F, V, F.
d) F, V, V, F.
e) V, F, F, V.

4) Dado $E = \mathbb{R}$ e $x * y = \frac{x + y}{2}$. Acerca da operação * sobre E, assinale a alternativa correta:

a) A operação * sobre E é associativa.
b) A operação * sobre E não é associativa.
c) Não existe operação * sobre E.
d) Funções com denominador constante não admitem operações.
e) Não há dados para verificar a operação.

5) Avalie as sentenças a seguir.

I) O pósitron é a antipartícula do próton e, quando estes se aproximam, as duas partículas se aniquilam, liberando dois neutrinos.
II) Paul Dirac previu a existência de uma partícula que tem as mesmas características que um elétron, porém com sinal oposto, chamada de *antipartícula*.
III) A energia produzida em colisões de partículas, provocadas nos aceleradores de partículas, pode ser convertida em pares de prótons e antiprótons.

Está(ão) correta(s) a(s) sentença(s):

a) I, apenas.
b) II, apenas.
c) III, apenas.
d) I e II.
e) II e III.

Interações teóricas

Computações quânticas

1) Considerando-se que a matéria é formada por prótons, elétrons e nêutrons, não seria suficiente ter o conhecimento de tais partículas para entender as estruturas dos objetos? Reflita a respeito da busca pelo entendimento do sistema de partículas.

2) Com base na relação entre partículas e suas antipartículas, sendo possível a criação, em laboratórios, de prótons e antiprótons, elétrons e antielétrons e átomos e antiátomos, poderíamos predizer a existência de uma antiterra?

Relatório do experimento

1) Realize uma pesquisa com seus parentes e amigos sobre o que eles sabem acerca da estrutura da matéria, isto é, como eles acreditam que a matéria é formada e por quais partículas. Compare as respostas com as informações apresentadas neste capítulo.

Eletrodinâmica quântica

Neste capítulo, trataremos dos conceitos da eletrodinâmica quântica (EDQ, ou QED, do inglês *quantum electrodynamics*), que descreve os campos eletromagnéticos.

Como lidar com uma partícula eletricamente carregada e que está sujeita a um campo magnético segundo os conceitos da mecânica quântica? Além de algumas abordagens da teoria quântica – como a teoria do eletromagnetismo clássico –, teremos de levar em conta a relatividade restrita à transformação de Lorentz para que você possa compreender melhor os conceitos da QED. Isso porque ela é considerada por muitos pesquisadores como a teoria quântica de campos mais bem-sucedida, isto é, que obtém o melhor entendimento entre cálculo teórico e medida experimental.

2.1 Elétron em um campo magnético

A teoria da relatividade restrita, publicada por Albert Einstein em 1905, tornou-se fundamental em física, assim como as leis de Newton, as equações de Maxwell e a mecânica quântica.

Lorentz e Larmor realizaram estudos relacionados ao comportamento do campo eletromagnético quando observado por referenciais diferentes (Tipler; Mosca, 2009). Entre 1897 e 1905, Poincaré desenvolveu a teoria para uma relatividade, faltando-lhe apenas relacionar a constância da velocidade da luz, independentemente da velocidade da fonte, que foi interpretada por Einstein em 1905 (Bassalo, 2006).

São dois os postulados em que a teoria da relatividade especial de Einstein se baseia:

- **Postulado 1**: As leis da física devem ser as mesmas em todos os sistemas inerciais de referência.
- **Postulado 2**: A velocidade de propagação da luz no vácuo, designada por c, tem valor constante e igual a 299.792.458 m/s.

O primeiro, também chamado de *postulado de Poincaré* ou *primeiro postulado de Einstein*, trata de sistemas de referência equivalentes, denominados *sistemas de referência inerciais*. O segundo, conhecido como *segundo postulado de Einstein* ou *postulado da constância da velocidade da luz*, implica uma reformulação de nossas ideias em relação ao espaço e ao tempo. Esse tema será abordado com mais detalhes em outro capítulo.

Podemos imaginar um sistema de referencial inercial S e outro S', sendo que este se move em relação a S com velocidade constante v (Figura 2.1). Vamos supor que as origens O e O′ coincidam nos instantes $t = t' = 0$ e que a velocidade v seja paralela ao eixo x de S.

Figura 2.1 – Sistema de referencial inercial S e S'

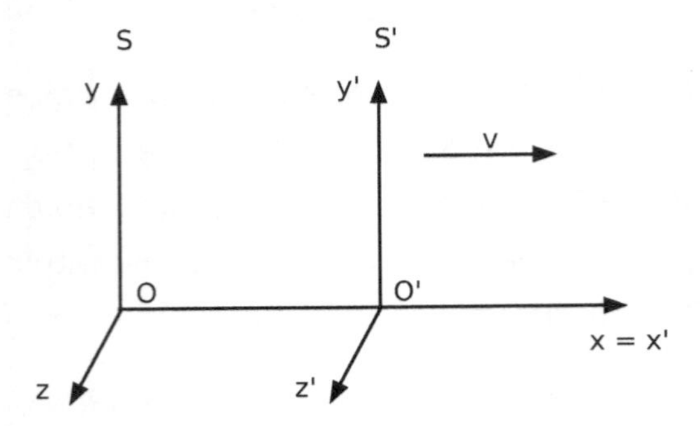

Considerando que uma fonte luminosa em repouso na origem de S emite um sinal luminoso no instante $t = t' = 0$, então os observadores em S e S′ verão a luz se expandindo a partir das respectivas origens com velocidade *c*. A luz atinge um ponto *x*, *y*, *z*, no sistema S, no tempo *t*, de acordo com a equação:

Equação 2.1

$$c^2t^2 - \left(x^2 + y^2 + z^2\right) = 0$$

No sistema referencial S′, a propagação da luz fica definida como:

Equação 2.2

$$c^2t'^2 - \left(x'^2 + y'^2 + z'^2\right) = 0$$

Com base no primeiro postulado de Einstein, o espaço-tempo é homogêneo e isotrópico. Assim, a relação entre os dois sistemas deve ser linear. Logo, eles se relacionam na forma:

Equação 2.3

$$c^2t'^2 - (x'^2 + y'^2 + z'^2) = \lambda^2 \left[c^2t^2 - (x^2 + y^2 + z^2)\right]$$

Em que $\lambda = \lambda(\vec{v})$. Quando $\lambda(v) = 1$, as coordenadas espaciais S e S′ estão relacionadas pela transformação de Lorentz e são dadas por:

Equação 2.4

$$x'^0 = \gamma(x^0 - \beta x^1)$$

Equação 2.5

$$x'^1 = \gamma(x^1 - \beta x^0)$$

Equação 2.6

$$x'^2 = x^2$$

Equação 2.7

$$x'^3 = x^3$$

Em que $x^0 = ct$, $x^1 = x$, $x^2 = y$, $x^3 = z$, $\beta = \left|\frac{\vec{v}}{c}\right|$ e $\gamma = \frac{1}{\sqrt{1 - \beta^2}}$. A transformação inversa de Lorentz fica:

Equação 2.8

$$x^0 = \gamma(x'^0 - \beta x'^1)$$

Equação 2.9

$$x^1 = \gamma\left(x'^1 - \beta x'^0\right)$$

Equação 2.10

$$x^2 = x'^2$$

Equação 2.11

$$x^3 = x'^3$$

Perceba que o limite não relativístico da transformação de Lorentz é determinado quando *c* tende ao infinito, pois as equações ficam na forma da transformação de Galileu, a qual é aplicada na mecânica newtoniana.

As equações apresentadas mostram um tipo especial da transformação de Lorentz, visto que foi determinado um sistema se movendo em relação a outro com uma velocidade paralela ao eixo *x*. Quando a velocidade *v* do sistema S′ em relação ao sistema S está em uma direção qualquer, as equações 2.4, 2.5, 2.6 e 2.7 podem ser escritas de forma generalizada como:

Equação 2.12

$$x'^0 = \gamma\left(x^0 - \vec{\beta}\cdot\vec{r}\right)$$

Equação 2.13

$$\vec{r}\,' = \vec{r} + \frac{\gamma - 1}{\beta^2}\left(\vec{\beta} \cdot \vec{r}\right)\vec{\beta} - \gamma\vec{\beta}x^0$$

Como a transformação de Lorentz – mostrada nas Equações 2.4, 2.5, 2.6 e 2.7 – é linear, podemos reescrever assim:

Equação 2.14

$$x'^{\mu} = \Lambda^{\mu}_{0}x^0 + \Lambda^{\mu}_{1}x^1 + \Lambda^{\mu}_{2}x^2 + \Lambda^{\mu}_{3}x^3$$

Ou:

Equação 2.15

$$x'^{\mu} = \Lambda^{\mu}_{\nu}x^{\nu}$$

Em que Λ^{μ}_{ν} são os coeficientes da transformação de Lorentz e que formam uma matriz Λ. A matriz da transformação de Lorentz, para uma transformação de Lorentz na direção *x*, é dada por:

Equação 2.16

$$\Lambda = \left(\Lambda^{\mu}_{\nu}\right) = \begin{pmatrix} \gamma & -\beta\gamma & 0 & 0 \\ -\beta\gamma & \gamma & 0 & 0 \\ 0 & 0 & 1 & 0 \\ 0 & 0 & 0 & 1 \end{pmatrix}$$

As equações 2.4, 2.5, 2.6 e 2.7 ou 2.12 e 2.13 nos fornecem uma transformação das coordenadas, em três dimensões, de um ponto de um sistema inercial S para outro sistema inercial S'. As coordenadas $x^\mu = (x^0, x^1, x^2, x^3)$ formam um quadrivetor. Considerando-se um quadrivetor arbitrário (A^0, A^1, A^2, A^3), sendo que A^1, A^2, A^3 são as componentes do vetor tridimensional $\vec{A}$, a transformação de Lorentz nas equações 2.12 e 2.13 vale para qualquer quadrivetor. Logo, podemos escrever:

Equação 2.17

$$A'^0 = \gamma\left(A^0 - \beta\vec{A}\right)$$

Equação 2.18

$$A'_{//} = \gamma\left(A_{//} - \beta A^0\right)$$

Equação 2.19

$$\vec{A}'_{\perp} = \vec{A}_{\perp}$$

São utilizados os subíndices paralelo e perpendicular, os quais indicam as componentes relativas à velocidade $\vec{v} = c\vec{\beta}$.

Pelo segundo postulado, existe a invariância ao passar de um sistema inercial para outro, conforme a equação 2.3. Dessa maneira, qualquer quadrivetor que tem as componentes de dois sistemas inerciais $(A'^0, \vec{A}')$ e $(A^0, \vec{A})$ apresenta invariância de $(A'^0)^2 - |\vec{A}'|^2 = (A^0)^2 - |\vec{A}|^2$. Para dois quadrivetores A^μ e B^μ, o produto escalar será um invariante de Lorentz, ou seja:

Equação 2.20

$$A'^0B'^0 - \vec{A}' \cdot \vec{B}' = A^0B^0 - \vec{A} \cdot \vec{B}$$

Pensando na ocorrência de dois eventos muito próximos com coordenadas (x, y, z, t) e (x + dx, y + dy, z + dz, t + dt), o intervalo *ds* entre os dois eventos é definido como:

Equação 2.21

$$ds^2 = c^2dt^2 - \left(dx^2 + dy^2 + dz^2\right)$$

Aplicando as transformações de Lorentz, temos:

Equação 2.22

$$dt' = \gamma\left(dt - vdx/c^2\right)$$

Equação 2.23

$$dx' = \gamma\left(dx - vdt\right)$$

Equação 2.24

$$dy' = dy$$

Equação 2.25

$$dz' = dz$$

Resolvendo, temos:

Equação 2.26

$$(ds')^2 = (ds)^2$$

A equação 2.26 indica que o intervalo entre dois eventos é invariante sob as transformações de Lorentz, chamando-se *ds* de *escalar de Lorentz*. O espaço-tempo quadridimensional, ou seja, quando o intervalo *ds* é invariante, também é denominado *espaço de Minkowski*. Para o grupo de Lorentz, as transformações no espaço-tempo deixam invariante a forma quadrática:

Equação 2.27

$$x^{\mu} y_{\mu} = x^{\mu} y^{\nu} g_{\mu\nu}$$

Em que o termo $x^{\mu} = (x^0, \vec{x})$, $y_{\mu} = y^{\nu} g_{\mu\nu} = (y^0, -\vec{y})$. O termo $g_{\mu\nu}$ representa os elementos da matriz G, que é uma métrica no espaço de Minkowski, e seus elementos são as componentes do tensor métrico, da seguinte forma:

Equação 2.28

$$G = (g_{\mu\nu}) = \begin{pmatrix} 1 & 0 & 0 & 0 \\ 0 & -1 & 0 & 0 \\ 0 & 0 & -1 & 0 \\ 0 & 0 & 0 & -1 \end{pmatrix}$$

A inversa da matriz $g_{\mu\nu}$ é representada por $g^{\mu\nu}$. Então, podemos escrever $y^{\mu} = g^{\mu\nu}y_{\nu}$. Os índices superiores e inferiores são chamados de *contravariantes* e *covariantes*, respectivamente. Os tensores são fundamentais na construção das teorias físicas. Isso porque, pelo princípio da relatividade, as leis físicas devem ser as mesmas em qualquer sistema de referência, ou seja, precisam ser covariantes por uma transformação de Lorentz, condição realizada mais convenientemente pelos tensores.

É possível classificar a transformação de Lorentz de duas formas: a própria e a imprópria. Uma transformação de Lorentz é chamada de *imprópria* quando $\det \Lambda = -1$ e de *própria* quando $\det \Lambda = +1$. As transformações de Lorentz dadas pelas equações 2.4, 2.5, 2.6 e 2.7 são do tipo própria, por exemplo.

Além dessa classificação, existem as transformações ortócrona e não ortócrona. Se $\Lambda_0^0 \geq +1$, a transformação de Lorentz será ortócrona; se $\Lambda_0^0 \leq -1$, será não ortócrona. A primeira preserva o sentido do tempo, enquanto a segunda inverte o sentido. As transformações de Lorentz dadas pelas equações 2.4, 2.5, 2.6 e 2.7 são do tipo ortócrona.

Quando tratamos da dinâmica relativística, consideramos uma partícula cuja massa de repouso é μ e que se move em um referencial com velocidade $\vec{v}$. Sua posição $\vec{r}$ varia dentro do intervalo de tempo *dt*. Logo, $d\vec{r} = \vec{v}dt$.

Nesse caso, as componentes dx^i de $d\vec{r}$ e $dx^0 = cdt$ se comportam sob as transformações de Lorentz como quadrivetores. Então, $dx^\mu dx_\mu$ é uma invariante, o que nos leva a afirmar que o tempo próprio τ é invariante de Lorentz. Portanto:

Equação 2.29

$$d\tau^2 = dt^2 - \frac{(d\vec{r})^2}{c^2} = dt^2\left(1 - \frac{v^2}{c^2}\right)$$

O tempo τ recebe a denominação *tempo próprio da partícula ou do sistema* quando corresponde ao tempo medido no sistema de repouso da partícula. Como o tempo τ é invariante, isso nos leva à expressão conhecida como *quadrivelocidade da partícula*, dada por:

Equação 2.30

$$u^\mu = \frac{dx^\mu}{d\tau} = \left(\frac{c}{\sqrt{1 - \frac{v^2}{c^2}}}, \frac{\vec{v}}{\sqrt{1 - \frac{v^2}{c^2}}}\right)$$

As componentes da quadrivelocidade não são independentes, pois $u^\mu u_\mu = c^2$. O quadrivetor *momentum* é dado pelo produto da massa pela quadrivelocidade μu^μ, ou seja:

Equação 2.31

$$p^{\mu} = \mu u^{\mu} = \left(\frac{\mu c}{\sqrt{1 - \frac{v^2}{c^2}}}, \frac{\overrightarrow{\mu v}}{\sqrt{1 - \frac{v^2}{c^2}}} \right) = \left(\frac{E}{c}, \vec{p} \right)$$

Os termos E e $\vec{p}$ são expressões relativísticas para a energia e o *momentum* da partícula. Para a relação entre energia e *momentum* como invariante relativístico, fazemos:

Equação 2.32

$$p^{\mu} p_{\mu} = \frac{E^2}{c^2} - \vec{p} \cdot \vec{p} = \mu^2 c^2$$

Resultando em:

Equação 2.33

$$E^2 = p^2 c^2 + \mu^2 c^4$$

Agora, realizaremos um tratamento da eletrodinâmica na forma covariante. Quando consideramos uma distribuição contínua de cargas, a densidade de carga é ρ, e a quantidade $dQ = \rho d^3 r$ corresponde à carga total em volume $d^3 r$. A carga da partícula é invariante e não depende do sistema de referência, mas a densidade de carga ρ não é invariante – somente a multiplicação $\rho d^3 r$ é invariante. Multiplicando a carga total no volume por dx^{μ}
, obtemos:

Equação 2.34

$$dx^{\mu}dQ = dx^{\mu}\rho d^3r = \rho d^3r dt \frac{dx^{\mu}}{dt}$$

Nessa equação, $\rho \frac{dx^{\mu}}{dt}$ é um quadrivetor chamado de *quadricorrente j^{μ}*, ou seja:

Equação 2.35

$$j^{\mu} = \rho \frac{dx^{\mu}}{dt}$$

Em que suas componentes espaciais formam a densidade de corrente $\vec{J} = \rho\vec{v}$, e a componente temporal forma a densidade de carga multiplicada por $c, c\rho$. Logo, podemos escrever:

Equação 2.36

$$j^{\mu} = \rho \frac{dx^{\mu}}{dt} = \left(c\rho, \vec{J}\right)$$

Na física clássica, são estudadas as equações de Maxwell, que relacionam o campo eletromagnético às cargas e correntes. Tais equações podem ser escritas em termos das equações que não têm as mesmas propriedades físicas em todos os seus pontos para o potencial escalar Φ e para o potencial vetor $\vec{A}$, da seguinte forma:

Equação 2.37

$$\frac{1}{c^2}\frac{\partial^2\Phi}{\partial t^2} - \nabla^2\Phi = -4\pi\rho$$

Equação 2.38

$$\frac{1}{c^2}\frac{\partial^2 \vec{A}}{\partial t^2} - \nabla^2 \vec{A} = -\frac{4\pi}{c}\vec{J}$$

Essas equações devem satisfazer à condição chamada de *calibre de Lorentz-Lorentz*, dada por:

Equação 2.39

$$\vec{\nabla}\vec{A} + \frac{1}{c}\frac{\partial \Phi}{\partial t} = 0$$

Dessa maneira, conseguimos o quadripotencial A^u como:

Equação 2.40

$$A^{\mu} = \left(\Phi, \vec{A}\right)$$

O tensor do campo eletromagnético é antissimétrico e de segunda ordem:

Equação 2.41

$$F_{\mu\nu} = \partial_{\mu} A_{\nu} - \partial_{\nu} A_{\mu}$$

É possível determinar explicitamente o tensor do campo eletromagnético F^{ij}. Fazendo j = 0, obtemos este resultado:

Equação 2.42

$$F^{i0} = \partial^i A^0 - \partial^0 A^i = \left(-\vec{\nabla}\Phi - \frac{1}{c}\frac{\partial \vec{A}}{\partial t} \right)^i = E^i$$

Na forma matricial, o tensor do campo eletromagnético é escrito como:

Equação 2.43

$$F^{\mu\nu} = \begin{pmatrix} 0 & -E_x & -E_y & -E_z \\ E_x & 0 & -B_z & B_y \\ E_y & B_z & 0 & -B_x \\ E_z & -B_y & B_x & 0 \end{pmatrix}$$

Os campos elétricos e magnéticos são dados por:

Equação 2.44

$$\vec{E} = -\vec{\nabla}\Phi - \frac{1}{c}\frac{\partial \vec{A}}{\partial t}$$

Equação 2.45

$$\vec{B} = \vec{\nabla} \cdot \vec{A}$$

Assim, a teoria do eletromagnetismo de Maxwell é adaptada ao princípio da relatividade restrita.

Na mecânica quântica, a função de onda para ondas do elétron depende do tempo e da posição e pode ser representada como $\psi(x, y, z, t)$ – ou $\psi(x, t)$, caso seja um movimento unidimensional. Tal função descreve o estado quântico, ou seja, ajuda-nos a estabelecer os valores médios da posição, do momento linear, da energia e do momento angular das partículas. A equação de movimento de Schrödinger que descreve o estado de uma partícula livre é:

Equação 2.46

$$\left(-\frac{h^2}{2\mu}\nabla^2 - ih\frac{\partial}{\partial t}\right)\psi\left(\vec{r}, t\right) = 0$$

Contudo, ela não define um invariante, já que o operador diferencial que aparece não é tensorialmente consistente sob as transformações de Lorentz. A equação relativística para a mecânica quântica é obtida partindo-se da relação entre energia e *momentum*, dada pela equação 2.33, na qual são usados os operadores associados a essas observáveis por meio de $E \rightarrow ih\frac{\partial}{\partial t}$ e $\vec{p} \rightarrow -ih\vec{\nabla}$, o que nos leva ao seguinte resultado:

Equação 2.47

$$\left(-h^2c^2\nabla^2 + \mu^2c^4\right)\psi\left(\vec{r}, t\right) = -h^2\frac{\partial^2\psi\left(\vec{r}, t\right)}{\partial t^2}$$

Aplicando o operador d'alembertiano, reescrevemos a equação 2.34 como:

Equação 2.48

$$\left(\partial^{ì}\partial_{ì} + \frac{ì^2c^2}{h^2}\right)ø\left(\vec{r}, t\right) = 0$$

A equação 2.48 é conhecida como *equação de Klein-Fock-Gordon*, ou *equação de Klein-Gordon*. Trata-se de uma equação invariante, apesar de ter sido considerada pela primeira vez por Schrödinger, que levou em conta os efeitos de um campo eletromagnético externo, descritos pelos potenciais ϕ e $\vec{A}$, no estudo do espectro do hidrogênio. As soluções obtidas por Schrödinger fornecem resultados coerentes para o espectro do átomo de hidrogênio na ordem α^2, em que α é a constante de estrutura fina. A solução da equação Klein-Gordon (equação 2.48) é dada por:

Equação 2.49

$$\psi\left(\vec{r}, t\right) = e^{-i\frac{E}{\hbar}t + i\frac{\vec{p}}{\hbar} \cdot \vec{r}}$$

Escrevendo a equação 2.35 em sua forma complexa conjugada, temos:

Equação 2.50

$$\left(\partial^{\mu}\partial_{\mu} + \frac{\mu^2 c^2}{\hbar^2}\right)\psi^*\left(\vec{r}, t\right) = 0$$

Multiplicando a equação 2.48 por $\psi^*\left(\vec{r}, t\right)$ e depois subtraindo da multiplicação da equação complexa conjugada 2.50, encontramos a equação de continuidade para a densidade da quadricorrente, ou seja:

Equação 2.51

$$\partial^{\mu}\left[\psi^{*}\left(\partial_{\mu}\psi\right)-\psi\left(\partial_{\mu}\psi^{*}\right)\right]=0$$

Em que as componentes covariantes são:

Equação 2.52

$$j_{u}=\frac{i\hbar}{2\mu}\left[\left(\partial_{\mu}\psi\right)\psi^{*}-\psi\left(\partial_{\mu}\psi^{*}\right)\right]$$

Em que $\frac{i\hbar}{2\mu}$ é o fator de normalização que fornece a quantidade correspondente à densidade de probabilidade, associada à $\rho=\frac{j_0}{c}$ da quadricorrente. Assim:

Equação 2.53

$$\rho=\frac{i\hbar}{2\mu c^{2}}\left(\psi^{*}\frac{\partial\psi}{\partial t}-\psi\frac{\partial\psi^{*}}{\partial t}\right)$$

Equação 2.54

$$\vec{j}=-\frac{i\hbar}{2\mu}\left(\psi^{*}\vec{\nabla}\psi-\psi\vec{\nabla}\psi^{*}\right)$$

Logo, obtemos:

Equação 2.55

$$\frac{\partial\rho}{\partial t}+\vec{\nabla}\cdot\vec{j}=0$$

Aplicando a integral a todo o volume na equação 2.55, obtemos:

$$\int\left(\frac{\partial\rho}{\partial t}+\vec{\nabla}\cdot\vec{J}\right)d^3r=0$$

$$\int\left(\frac{\partial\rho}{\partial t}\right)d^3r+\int\left(\vec{\nabla}\cdot\vec{J}\right)d^3r=0$$

$$\frac{\partial}{\partial t}\int\rho d^3r+\int\vec{J}d\vec{s}=0$$

Então, concluímos que:

Equação 2.56

$$\int\rho d^3r=\text{constante}$$

Percebemos que $\int\rho d^3r$ é uma constante no tempo, porém $\rho(\vec{r},t)$ poderá assumir valores negativos. Dessa maneira, não é possível interpretar como uma densidade de probabilidade. Nessa perspectiva, $\int\rho d^3r$ pode ser interpretado como a probabilidade total. Como há valores negativos de ρ, referentes à relação entre energia e *momentum*, isso nos leva a soluções negativas de energia. Esse contratempo fez com que a equação de Klein-Gordon fosse rejeitada, e Dirac, Pauli e Weisskopf encontraram a mesma dificuldade ao interpretarem ρ como um operador.

Aplicando propriedades de ortogonalidade das ondas planas com as condições de contorno periódicas, a quantidade conservada $\int\rho d^3r$ é determinada por:

Equação 2.57

$$\int \rho d^3r = \frac{\hbar}{\mu c^2} \sum_{\vec{k}} \left(\left| a_{\vec{k}} \right|^2 - \left| b_{\vec{k}} \right|^2 \right)$$

Em que $a_{\vec{k}}$ e $b_{\vec{k}}$ são estados de energia positiva e negativa. Logo, de acordo com a equação 2.57, temos a diferença de dois termos positivos que estão relacionados à quantidade de energia positiva e à quantidade negativa da função $\psi(\vec{r}, t)$. A energia negativa é interpretada como a presença de uma antipartícula no sistema. Assim, a quantidade conservada $\int \rho d^3r$ passa a ser o de número de partículas menos o número de antipartícula.

Desse modo, observamos que a QED trata dos campos eletromagnéticos na forma da teoria quântica. Essa teoria também descreve as interações desse campo eletromagnético com o campo de Dirac, tema da próxima seção.

2.2 A equação de Dirac e os férmions

Vimos que a equação de Klein-Fock-Gordon descreve uma partícula livre relativística. No entanto, nessa equação, detectou-se o problema de a energia assumir valores positivo e negativo, bem como a possibilidade de encontrar uma probabilidade negativa. Para corrigir isso, em 1928, Dirac postulou uma equação linear, de modo a obter uma densidade de probabilidade positiva ou igual a zero, em $\frac{\partial}{\partial t}$ e $\vec{\nabla}$, assumindo a forma:

Equação 2.5

$$i\hbar \frac{\partial \psi(\vec{r},t)}{\partial t} = c\left(-i\hbar\vec{\alpha}\vec{\nabla} + \beta\mu c\right)\psi(\vec{r},t)$$

Em que α e β são operadores em forma de matrizes que atuam sobre a função de onda, dados por:

Equação 2.59

$$\vec{\alpha} = \frac{\vec{v}}{c}$$

E por:

Equação 2.60

$$\beta = \sqrt{\left(1 - \frac{\vec{v}^2}{c^2}\right)}$$

Na forma matricial, tais equações são escritas assim:

Equação 2.61

$$\vec{\alpha} = \begin{pmatrix} 0 & \vec{\sigma} \\ \vec{\sigma} & 0 \end{pmatrix}$$

E assim:

Equação 2.62

$$\beta = \begin{pmatrix} I & 0 \\ 0 & -I \end{pmatrix}$$

Em que $\vec{\sigma}$ é conhecida como *matriz de Pauli*. As matrizes $\vec{\alpha}$ e β são chamadas de *operadores de Dirac*. A equação de Dirac (equação 2.58) tem a forma de uma equação matricial linear nas derivadas, em que a função de onda é um spinor de quatro componentes. Tal equação é invariante nas transformações de Lorentz, ou seja, tem a mesma forma em todos os sistemas referenciais.

Para obter a forma covariante da equação de Dirac, multiplicamos a equação 2.58 por β, ou seja:

Equação 2.63

$$i\hbar\beta\frac{\partial\psi(\vec{r},t)}{\partial t} = c\left(-i\hbar\beta\vec{\alpha}\vec{\nabla} + \mu c\right)\psi(\vec{r},t)$$

Fazendo $\gamma^0 = \beta$ e $\gamma^k = \beta\alpha^k$, o que implica $\gamma^\mu \equiv (\beta, \beta\vec{\alpha})$, obtemos as matrizes de ordem 4 x 4 $(\gamma^\mu) = (\gamma^0, \gamma^1, \gamma^2, \gamma^3)$. As leis de anticomutação para as matrizes γ ficam:

Equação 2.64

$$\gamma^\mu\gamma^\nu + \gamma^\nu\gamma^\mu = 2g^{\mu\nu}$$

Em que $g^{\mu\nu}$ tem a mesma forma de $g_{\mu\nu}$, que se refere ao *momentum* angular de *spin* e das grandezas relacionadas. Com as manipulações matemáticas, a equação 2.63 passa a ser:

Equação 2.65

$$i\hbar\gamma^0\frac{\partial\psi}{\partial x^0} + i\hbar\gamma^k\frac{\partial\psi}{\partial x^k} = \mu c\psi$$

Ou:

Equação 2.66

$$\left(i\gamma^{\mu}\partial_{\mu} - k_0\right)\psi = 0$$

Em que $\partial_{\mu} = \dfrac{\partial}{\partial x^{\mu}}$ e $k_0 = \dfrac{\mu c}{h}$. A equação 2.63, ou a equação 2.66, é a equação de Dirac covariante em relação à partícula livre. Pela natureza das matrizes γ, não usamos o complexo conjugado, e sim o conjugado hermitiano, representado por †, que, matematicamente, corresponde à transposta de uma matriz seguida de seu complexo conjugado. Quanto às matrizes γ, uma propriedade que deve ser levada em consideração ao aplicar o conjugado hermitiano é esta:

Equação 2.67

$$\left(\gamma^{\mu}\right)^{\dagger} = \left(\gamma^{0}, \gamma^{k}\right)^{\dagger} = \left(\gamma^{0}, -\gamma^{k}\right)$$

Então, dividindo a equação 2.65 por $\hbar$ e aplicando o conjugado hermitiano, a equação fica:

$$-i\frac{\partial\psi^{\dagger}}{\partial x^{0}}\gamma^{0} - i\frac{\partial\psi^{\dagger}}{\partial x^{k}}(-\gamma^{k}) - k_0\psi^{\dagger} = 0$$

Em que k = 1,2,3. Desse modo, as matrizes fornecidas pelas derivadas de ψ são transpostas. A fim de retomar a forma covariante da equação, devemos eliminar o sinal negativo de $(-\gamma^{k})$ sem mudar o primeiro termo. Multiplicando a equação 2.68 por γ^{0}, sendo que $\gamma^{0}\gamma^{k} = -\gamma^{k}\gamma^{0}$, e admitindo que $\overline{\psi} \equiv \psi^{\dagger}\gamma^{0}$ é o spinor adjunto, obtemos:

Equação 2.69

$$i\partial_\mu \bar{\psi}\gamma^\mu + k_0\bar{\psi} = 0$$

Essa equação recebe o nome de *equação de Dirac adjunta*. Agora, multiplicamos a equação 2.66 por $\bar{\psi}$ e multiplicamos a equação 2.69 por ψ. Somando os resultados, chegamos a:

Equação 2.70

$$\partial_\mu \left(\bar{\psi}\gamma^\mu\psi\right) = 0$$

O termo $\bar{\psi}\gamma^\mu\psi$ representa as densidades de probabilidade e de fluxo, isto é:

Equação 2.71

$$j^\mu = \bar{\psi}\gamma^\mu\psi = \left(c\rho, j^k\right)$$

Então, a densidade de probabilidade é:

Equação 2.72

$$\rho = j^0 = \bar{\psi}\gamma^0\psi = \psi^\dagger\psi = \sum_{i=1}^{4}\left|\psi_i\right|^2$$

Isso mostra que a densidade de probabilidade será positiva, pois $\sum_{i=1}^{4}\left|\psi_i\right|^2 \geq 0$.

Para a partícula livre, a equação de Dirac admite quatro soluções de ondas planas, em que duas descrevem um elétron de *momentum* $\vec{p}$, energia positiva e *spins* opostos, e duas descrevem um elétron de *momentum* $-\vec{p}$, energia negativa e *spins* opostos. No caso da ausência de campos, a equação de Dirac se torna uma solução na forma de ondas planas, pois o operador $\vec{p}$ comuta com a hamiltoniana H quando não há dependência explícita na posição.

Em 1930, Dirac também apresentou um trabalho, que ficou conhecido como *mar de Dirac*, no qual afirmou que todos os estados de energia negativa estão ocupados por elétrons que não contribuem para a carga elétrica, o *spin* e o *momentum* (Bassalo, 2006). Assim, um desses elétrons de carga $-e$, com *momentum* $\vec{p}$, pode absorver um fóton com energia $h\nu > 2\mu c^2$, tornando-se, dessa forma, um estado de energia positiva.

2.3 Eletrodinâmica e sua lagrangiana

No eletromagnetismo, a teoria de Maxwell para o campo eletromagnético apresenta quatro equações para o campo elétrico $\vec{E}$ e, para o campo magnético $\vec{B}$, as conhecidas equações de Maxwell. Na forma diferencial, são elas: a Lei de Gauss, a Lei de Gauss para o Magnetismo, a Lei de Faraday de Indução e a Lei de Ampère-Maxwell, apresentadas, respectivamente, a seguir.

Equação 2.73

$$\nabla \cdot \vec{E} = \frac{\rho}{\varepsilon_0}$$

Equação 2.74

$$\nabla \cdot \vec{B} = 0$$

Equação 2.75

$$\nabla \cdot \vec{E} = -\frac{\partial \vec{B}}{\partial t}$$

Equação 2.76

$$\nabla \cdot \vec{B} = \mu_0 \left(\vec{J} + \varepsilon_0 \frac{\partial \vec{E}}{\partial t} \right)$$

As equações de Maxwell compõem a base do eletromagnetismo clássico, mas não fazem qualquer referência a uma massa para o campo eletromagnético. Desse modo, a formulação lagrangiana da eletrodinâmica explicita as propriedades da eletrodinâmica em consequência da ausência do termo de massa.

As teorias clássicas de campos nas linguagens lagrangiana e hamiltoniana correspondem às formulações necessárias para construir as teorias quânticas das interações das partículas elementares, que são expressas por meio das teorias quânticas de campos. As equações de Lagrange descrevem apropriadamente a dinâmica de partículas, mas devem ser equivalentes às equações de Newton. Por sua vez, o princípio de Hamilton não está necessariamente associado a tais equações.

Composição da matéria

A lagrangiana combina a conservação do momento linear e a conservação de energia sem o uso da forma vetorial.

Usando-se um formalismo escalar, em que constam apenas variáveis independentes e arbitrárias, não há a necessidade de conhecer as forças de vínculo. A função lagrangiana não relativista é:

Equação 2.77

$$L = K - U$$

Em que K é a energia cinética, e U, a energia potencial do sistema. Assim, dizemos que a lagrangiana é definida como a diferença entre as energias cinéticas e potenciais. Como as leis de conservação da energia, do *momentum* linear e do *momentum* angular valem tanto para a mecânica clássica como para a mecânica quântica, temos como resultado a invariância ou simetria da teoria em relação à translação no tempo e no espaço, bem como quanto à rotação.

Expansão da matéria

Na mecânica clássica, podemos utilizar uma das três formulações para resolver as equações de movimento de um sistema: mecânica newtoniana, lagrangiana e hamiltoniana. No artigo indicado a seguir, você encontrará um resumo de como aplicar as três formulações.

ROQUE, A. **Resumo das três formulações**: newtoniana, lagrangiana e hamiltoniana. abr. 2020. Disponível em: <http://sisne.org/Disciplinas/Grad/MecanicaTeorica/Mecanica_Teorica_Aula_9.pdf>. Acesso em: 5 mar. 2023.

A função lagrangiana L é uma função de coordenadas generalizadas q_i e de velocidade $\dot{q}_i$. Sendo a função invariante ao deslocamento, temos:

Equação 2.78

$$q_i \to q_i + \delta q_i$$

Isso nos leva a afirmar que a taxa de variação em relação a q_i é zero, ou seja:

Equação 2.79

$$\frac{\partial L}{\partial q_i} = 0$$

As equações dinâmicas da mecânica lagrangiana de movimento para uma partícula são dadas pelas equações de Euler-Lagrange:

Equação 2.80

$$\frac{d}{dt}\left(\frac{\partial L}{\partial \dot{q}_i}\right) - \frac{\partial L}{\partial q_i} = 0$$

Em que q_i são as coordenadas generalizadas, $\dot{q}_i$ são as velocidades generalizadas, i = 1, 2, 3, ..., n é o número de graus de liberdade do sistema e L é a função de Lagrange. O termo $\frac{\partial L}{\partial \dot{q}_i}$ corresponde ao momento canônico p_i, isto é, define-se como:

Equação 2.81

$$p_i = \frac{\partial L}{\partial \dot{q}_i}$$

Logo, temos que:

Equação 2.82

$$\frac{dp_i}{dt} = 0$$

Normalmente, a equação Euler-Lagrange é referida apenas como *equações de Lagrange*, mas vale ressaltar que se trata de um resultado obtido a partir do princípio de Hamilton e das equações de Euler.

As equações de Lagrange devem seguir a condição de que as forças que agem no sistema, menos a força de restrição, precisam ser deriváveis de um potencial, e as equações de restrição consistem em relações que conectam as coordenadas das partículas, podendo ou não ser em função do tempo.

Como exemplo desse tipo de movimento e da aplicação das equações, considere o caso a seguir.

Exemplo prático I

Seja o movimento de um projétil sob a gravidade em duas dimensões (x, y), com velocidade inicial v_0 e um ângulo de lançamento θ. Determine as equações de movimento nas coordenadas cartesianas, considerando que o projétil parte da coordenada (0, 0) no tempo t = 0.

Solução

Nas coordenadas cartesianas, sendo *x* o eixo horizontal e *y* o eixo vertical, as energias cinéticas e potenciais são:

$$K = \frac{1}{2}m\dot{x}^2 + \frac{1}{2}m\dot{y}^2$$

$$U = mgy$$

Em que U = 0 quando y = 0. Assim:

$$L = K - U$$

$$L = \frac{1}{2}m\dot{x}^2 + \frac{1}{2}m\dot{y}^2 - mgy$$

Usando a equação de Lagrange para a coordenada *x*, temos:

$$\frac{d}{dt}\left(\frac{\partial L}{\partial \dot{x}_i}\right) - \frac{\partial L}{\partial x_i} = 0$$

$$\frac{d}{dt}m\dot{x}_i - 0 = 0$$

$$\ddot{x}_i = 0$$

Agora, utilizando a equação de Lagrange para a coordenada *y*, temos:

$$\frac{d}{dt}\left(\frac{\partial L}{\partial \dot{y}_i}\right) - \frac{\partial L}{\partial y_i} = 0$$

$$\frac{d}{dt} m\dot{y}_i + mg = 0$$

$$\ddot{y}_i = -g$$

Nesse caso, determinamos as acelerações nos eixos *x* e *y* e, pelas condições iniciais, é possível integrar para encontrar as equações de movimento.

Para descrever as partículas elementares e suas interações no campo eletromagnético, pensando na teoria de campos, fazemos a construção da lagrangiana associada às partículas de interesse. Em seguida, utilizamos o princípio de Hamilton.

A formulação lagrangiana para os campos eletromagnéticos pode ser covariante e não covariante. Vale lembrar que, no primeiro cenário, as leis físicas devem ser as mesmas em qualquer sistema de referência por uma transformação de Lorentz. Para obtermos a formulação não covariante, começamos com a conhecida expressão da força de Lorentz, da eletrodinâmica clássica, dada por:

Equação 2.83

$$\vec{F} = q(\vec{E} + \vec{v} \cdot \vec{B})$$

Ou na forma de diferenciais e usando as coordenadas:

Equação 2.84

$$m\frac{d\vec{v}}{dt} = q\left[\vec{E}(\vec{r},t) + \vec{v}\cdot\vec{B}(\vec{r},t)\right]$$

Em que *q* é a carga elétrica e *v* é a velocidade, sendo os campos elétrico e magnético definidos em termos de potenciais como $\vec{E} = -\vec{\nabla}\Phi - \frac{\partial\vec{A}}{\partial t}$ e $\vec{B} = \vec{\nabla}\cdot\vec{A}$. Então, substituindo na expressão, temos:

Equação 2.85

$$m\frac{d\vec{v}}{dt} = q\left[\left(-\vec{\nabla}\Phi - \frac{\partial\vec{A}}{\partial t}\right) + \vec{v}\cdot\vec{\nabla}\cdot\vec{A}\right]$$

Desenvolvendo e aplicando a identidade vetorial em $\vec{v}\cdot\vec{\nabla}\cdot\vec{A}$, ficamos com:

Equação 2.86

$$m\frac{d\vec{v}}{dt} = -q\left[\vec{\nabla}\Phi + \frac{\partial\vec{A}}{\partial t} + \left(\vec{v}\cdot\vec{\nabla}\right)\vec{A} - \vec{\nabla}\left(\vec{v}\cdot\vec{A}\right)\right]$$

Resolvendo a derivada parcial do potencial $\vec{A}$, obtemos:

Equação 2.87

$$m\frac{d\vec{v}}{dt} = -q\left[\vec{\nabla}\Phi + \left(\frac{d\vec{A}}{dt} - \left(\frac{d\vec{r}}{dt}\cdot\vec{\nabla}\right)\vec{A}\right) + (\vec{v}\cdot\vec{\nabla})\vec{A} - \vec{\nabla}(\vec{v}\cdot\vec{A})\right]$$

Usando $\vec{v} = \frac{d\vec{r}}{dt}$ e desenvolvendo, chegamos a:

Equação 2.88

$$\frac{d}{dt}\left(m\vec{v} + q\vec{A}\right) = q\vec{\nabla}\left(\vec{v} \cdot \vec{A} - \Phi\right)$$

Comparando com a equação de Euler-Lagrange $\frac{d}{dt}\left(\frac{\partial L}{\partial \dot{q}_i}\right) = \frac{\partial L}{\partial q_i}$, podemos perceber que $\frac{\partial L}{\partial \dot{q}_i} = m\vec{v} + q\vec{A}$ e $\frac{\partial L}{\partial q_i} = q\vec{\nabla}\left(\vec{v} \cdot \vec{A} - \Phi\right)$. Dessa forma, temos que a função $L\left(\vec{r}, t\right)$ é dada por:

Equação 2.89

$$L\left(\vec{r}, t\right) = \frac{1}{2}mv^2 + q\vec{v} \cdot \vec{A}\left(\vec{r}, t\right) - q\Phi\left(\vec{r}, t\right)$$

Essa equação corresponde à forma não covariante para o campo eletromagnético.

Por sua vez, a forma covariante é obtida por meio do formalismo não covariante. Primeiramente, consideramos os quadrivetores de corrente $J^\mu = \left(c\rho, j_x, j_x, j_x\right) = \left(c\rho, \vec{J}\right)$ e de potencial $A^\mu = \left(\frac{\Phi}{c}, A_x, A_y, A_z\right) = \left(A_0, \vec{A}\right)$, obtendo, assim, o tensor eletromagnético $F_{\mu\nu} = \partial_\mu A_\nu - \partial_\nu A_\mu$. Usamos a definição da densidade lagrangiana $\mathcal{L}$ dada pela integração em todo o volume, ou seja:

Equação 2.90

$$L = \int \mathcal{L} d^3x$$

Agora, recorrendo à equação de Euler-Lagrange, obtemos a expressão para a densidade lagrangiana:

Equação 2.91

$$\mathcal{L} = -J^{\mu}A_{\mu} - \frac{1}{4\mu_0}F_{\mu\nu}F^{\mu\nu}$$

Trata-se de uma maneira de reescrever os resultados que já tínhamos obtido. Entretanto, desse modo, estamos empregando uma teoria de Lorentz invariante, pois não há mudança na equação mesmo com alteração no referencial.

No entanto, considerando-se a mecânica clássica, há um único caminho que corresponde ao verdadeiro movimento da partícula. Segundo o princípio de Hamilton, esse caminho é aquele que minimiza a ação S dada pela integral no tempo da lagrangiana clássica, cuja representação pode ser:

Equação 2.92

$$S\left(x(t)\right) = {}_{t_0}^{t'} \neq \int dt L\left(x, \dot{x}\right)$$

Assim, quando tratamos da função lagrangiana, estamos abordando uma função utilizada para obter S. Além disso, o campo eletromagnético depende dos potenciais, os quais são infinitos para um mesmo campo eletromagnético. Nessa perspectiva, podemos afirmar que existe uma liberdade na escolha do calibre na teoria eletromagnética.

2.4 Propagação dos fótons e dos elétrons: regras de Feynman

Quando pensamos em propagação de partículas na mecânica quântica, devemos levar em conta todos os caminhos possíveis – mesmo aqueles que não têm qualquer semelhança com a trajetória clássica – para conseguir reproduzir a mecânica clássica da quântica no limite $\hbar \to 0$. Esse foi o tema motivador de Feynman, que tentou resolver esse problema.

Feynman elaborou uma abordagem espaço-temporal da mecânica quântica baseando-se em integrais de caminho, em que a ação clássica tem papel importante. Assim, a ação S ficou definida como:

Equação 2.93

$$S(n, n-1) \equiv \int_{t_{n-1}}^{t_n} dt L_{clássica}(x, \dot{x})$$

Quando uma partícula se move de uma posição (x_1, t_1) para uma posição (x_N, t_N), ela pode seguir por diversos caminhos, os quais consistem em infinitos pontos intermediários entre o início e o fim. Desse modo, o índice N nos fornece a ideia de N vezes. Muitos desses caminhos não têm contribuição quando $\hbar$ é pequeno. Então, são descartados nas interações quânticas e de campo.

Figura 2.2 – Caminhos possíveis

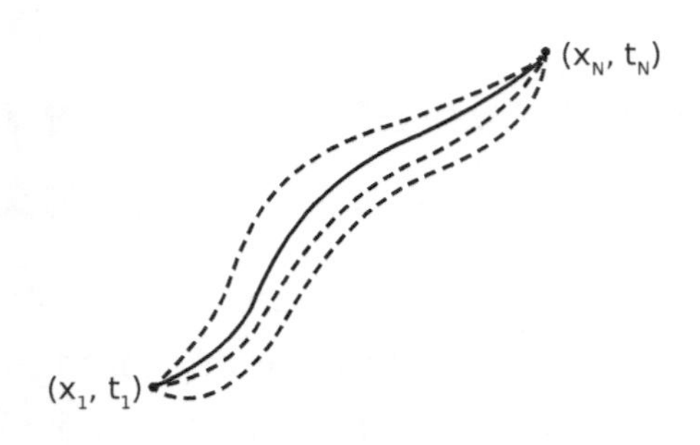

As integrais de posição – que são um tipo de operador integral multidimensional – ficam assim:

Equação 2.94

$$\int_{x_1}^{x_N} D\left[x(t)\right] = \lim_{N\to\infty}\left(\frac{\mu}{2\pi i\hbar\cdot t}\right)^{\frac{N}{2}} \int dx_1 \ldots \int dx_{N-1}$$

Então, pela formulação de Feynman, a amplitude de transição $x_N, t_N \mid x_1, t_1$, sendo este um propagador, corresponde à integração sobre todos os caminhos possíveis que conectam x_1 e x_N, ou seja:

Equação 2.95

$$\left\langle x_N, t_N \mid x_1, t_1\right\rangle = \int_{x_1}^{x_N} D\left[x(t)\right] e^{\frac{i}{\hbar}S\left[x(t)\right]}$$

Essa integral é conhecida como *integral de caminho de Feynman*, por meio da qual obtemos uma expressão geral, denominada *regras de Feynman*, as quais tratam da amplitude invariante de espalhamento que existe na interação entre as partículas sem que seja necessário recorrer aos cálculos de amplitude de transição e de equações de campo.

Quando duas partículas interagem, pode ocorrer o chamado *espalhamento*, assim como a criação de novas partículas. O cálculo de tais processos pode ser realizado de maneira mais simples pela regra de Feynman e observado graficamente por meio dos diagramas de Feynman.

A vantagem de utilizar esses diagramas está no fato de que, para determinar a probabilidade de um evento ocorrer, é necessário calcular a amplitude de probabilidade do estado inicial até um estado final; pelos diagramas, temos a ordem temporal dos processos.

Vamos supor que dois elétrons estão se aproximando e que, após alguma interação intermediada pelo fóton γ, eles se distanciam. É possível recorrer ao diagrama de Feynman para representar tal processo, sendo a leitura feita da esquerda para a direita (Figura 2.3).

Figura 2.3 – Interação entre dois elétrons

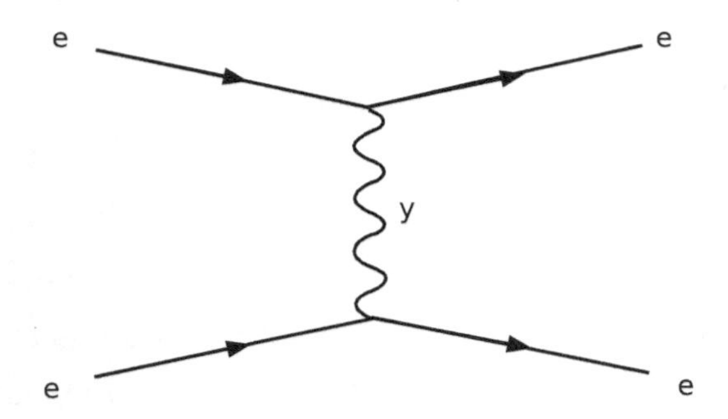

O conceito de espalhamento está relacionado à amplitude e à seção de choque, assunto de que trataremos adiante. Nessa perspectiva, temos de determinar a probabilidade de ocorrer esse espalhamento, e o diagrama de Feynman fornece uma aproximação. Além disso, por meio do diagrama, podemos determinar uma expressão cada vez mais precisa para a amplitude.

Para melhorar o entendimento do uso dos diagramas de Feynman, vamos imaginar as partículas se movendo livremente. Representamos o sentido do deslocamento da partícula por uma linha com uma seta na extremidade, chamada de *propagador*. Por convenção, admitimos que um lépton ou um quark é representado por uma seta orientada da esquerda para a direita. As partículas fóton, bóson W ou bóson Z são retratados por uma linha ondulada simples, e um glúon, por uma linha espiralada (Figura 2.4).

Figura 2.4 – Representação de Feynman de partículas livres

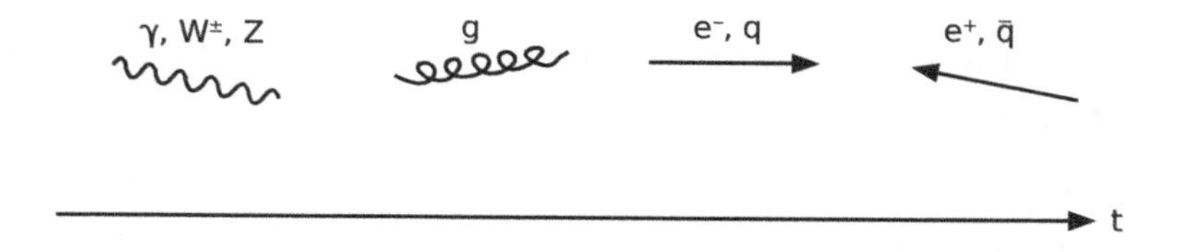

Note que as antipartículas se deslocam da direita para a esquerda no tempo, no sentido para trás, representando a simetria na física que governa a relação partícula-antipartícula. Com isso, podemos descrever a interação entre partículas diferentes, e o diagrama será constituído de, ao menos, dois vértices, ou seja, uma intersecção imaginária entre três linhas de propagadores.

Figura 2.5 – Representação de vértices elementares de Feynman

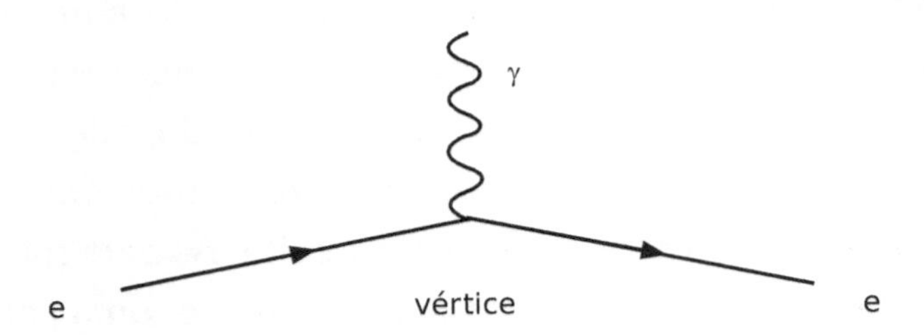

Na construção de tais diagramas, algumas considerações devem ser seguidas, a fim de que possamos formular as regras dos processos reais, a saber:

- As linhas que entram ou saem de um diagrama de Feynman devem retratar partículas reais, em que a relação entre energia e *momentum* é válida.
- Todas as linhas que representam uma partícula virtual, para as quais a relação entre energia e *momentum* não é válida, devem começar e terminar dentro do diagrama.
- Nos vértices, energia, *momentum*, carga, número de quarks e os três números de léptons devem ser conservados.

Dessa forma, as regras de Feynman para os processos físicos são as seguintes:

- **A possibilidade de o fóton se propagar de um ponto ao outro**

Equação 2.96

$$\mu \text{ ~~~}^{q}\text{~~~ } \nu : D_0^{\mu\nu} \equiv -\frac{i}{q^2}\left(\eta^{\mu\nu} - (1-\xi)\frac{q^\mu q^\nu}{q^2}\right)$$

O termo $\eta^{\mu\nu}$ corresponde à métrica de Minkowski, e $\frac{1}{\xi}$ é o termo de fixação de calibre ou fixação de gauge.

- **A possibilidade de um férmion (pode ser um elétron, por exemplo) se propagar de um ponto ao outro**

Equação 2.97

$$\xrightarrow{p} : S_0 \equiv \frac{i}{\not{p} - mc} = \frac{i(\not{p} - mc)}{p^2 - m^2c^2}$$

- **A interação entre o fóton e o elétron, ou seja, as partículas podem estar conectadas em algum momento no espaço-tempo**

Equação 2.98

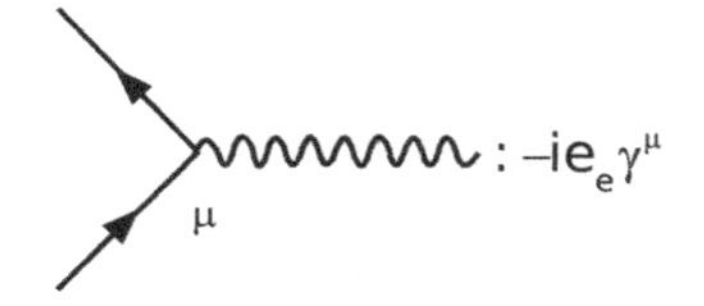

O elemento e_e é chamado de *constante de acoplamento* ou *da interação*, que, para a eletrodinâmica quântica, representa a carga do elétron.

As regras apresentadas até o momento se referem às regras dos propagadores e dos vértices. No entanto, também precisamos considerar as chamadas *linhas externas*, cujas regras são:

- Quando um elétron entra no vértice, devemos atribuir um spinor chamado de $u^s(p)$.
- Quando um pósitron entra no vértice, devemos atribuir um spinor adjunto, chamado de $\bar{v}^s(p)$; para um fóton que entra no vértice, devemos atribuir um vetor polarização.
- Quando um elétron sai do vértice, atribuímos um spinor adjunto $\bar{u}^s(p)$.
- Quando um pósitron sai do vértice, atribuímos um spinor $v^s(p)$.
- Quando um fóton sai do vértice, atribuímos um vetor polarização.

Em geral, a um elétron com *momentum p* que entra em um vértice atribui-se um spinor $u^s(p)$, e a um elétron que sai, atribui-se um spinor $\bar{u}^s(p)$, com s = 1,2 indicando o *spin* da partícula, satisfazendo às equações de Dirac no espaço dos momentos. Ou seja:

Equação 2.99

$$\left(\gamma^{\mu} p_{\mu} - mc\right) u^{(s)}(p) = 0$$

Equação 2.100

$$\overline{u}^{(s)}(p)\left(\gamma^{\mu}p_{\mu} - mc\right) = 0$$

Ao pósitron que entra em um vértice atribui-se um spinor $\overline{v}^{s}(p)$, e ao que sai, um spinor $v^{s}(p)$, satisfazendo às seguintes equações:

Equação 2.101

$$\left(\gamma^{\mu}p_{\mu} + mc\right)v^{s}(p) = 0$$

Equação 2.102

$$\overline{v}^{s}(p)\left(\gamma^{\mu}p_{\mu} + mc\right) = 0$$

Para um fóton entrando em um vértice, temos ϵ^{μ} e, para o fóton que sai, $\epsilon^{\mu *}$, o que corresponde às diferentes polarizações do fóton.

Com os diagramas de Feynman, é possível obter as interações eletromagnéticas e fracas de forma mais simples, pois as amplitudes têm rápida convergência. Além disso, podemos aplicar processos semelhantes na interação forte. No entanto, normalmente as expansões em série de termos não convergem, razão pela qual se faz necessário recorrer a outros métodos para as interações fortes.

2.5 Espalhamentos: Bhabha, Compton e outros

Podemos associar a ideia de espalhamento ao choque entre dois objetos – colisão em que pode haver dispersão de fragmentos. No caso de partículas elementares, a dispersão estudada é a dispersão das partículas e das ondas, como na colisão entre um fóton e um elétron, por exemplo. Também há casos como o espalhamento de partículas alfa por núcleos de ouro, conhecido como *espalhamento de Rutherford*.

O efeito fotoelétrico consistiu em um experimento realizado com a emissão de elétrons afetados por radiações eletromagnéticas, em que o conceito de fóton foi utilizado pela primeira vez. Nesse fenômeno, toda a energia do fóton é transferida para o elétron.

Figura 2.6 – Espalhamento da luz por um elétron

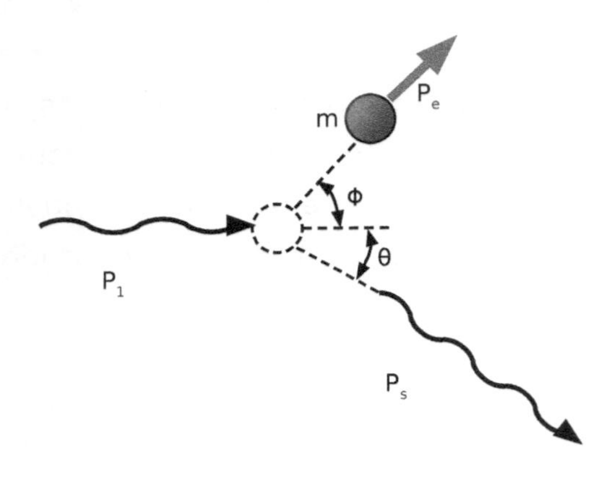

Fonte: Tipler; Mosca, 2009, p. 6.

Em 1923, Arthur H. Compton (1892-1962), em seus estudos de espalhamento de raios X por elétrons livres, também utilizou o conceito de fóton (Tipler; Mosca, 2009). Quando uma onda eletromagnética de determinada frequência incide sobre um material de cargas livres, estas começam a oscilar e irradiar ondas eletromagnéticas com a mesma frequência. As ondas irradiadas pelas cargas livres foram consideradas por Compton como fótons espalhados (Figura 2.6), de tal modo que o elétron recuaria absorvendo energia, e o fóton espalhado teria menor energia e frequência, mas maior comprimento de onda que o do fóton incidente.

No eletromagnetismo clássico, a energia e o momento de uma onda eletromagnética estão relacionados por:

Equação 2.103

$$E = pc$$

Assim, o *momentum* de um fóton e seu comprimento de onda ficam:

Equação 2.104

$$p = \frac{h}{\lambda}$$

A energia de Einstein foi utilizada para a energia do fóton $E = hf = \frac{hc}{\lambda}$. Aplicando a conservação de momento para a colisão, temos:

Equação 2.105

$$\vec{p}_i = \vec{p}_s + \vec{p}_e$$

Em que $\vec{p}_i$ é o momento do fóton que está incidindo, $\vec{p}_e$ é o momento do elétron após a colisão e $\vec{p}_s$ é o momento do fóton espalhado. Manipulando a equação 2.105, fazendo o produto escalar de cada lado por ele próprio, aplicando a conservação de energia para a colisão e usando a equação 2.104, chegamos à equação de Compton, dada por:

Equação 2.106

$$\lambda_s - \lambda_i = \frac{h}{m_e c}(1 - \cos\theta)$$

O termo m_e é a massa do elétron, e o ângulo θ corresponde ao ângulo que a direção do movimento do fóton espalhado faz com a direção do fóton incidente, representado na Figura 2.6. A relação $\frac{h}{m_e c}$ é conhecida como *comprimento de onda de Compton* λ_C. Substituindo os valores conhecidos do número de Planck, da massa do elétron, da velocidade da luz e resolvendo, seu valor fica $\lambda_C = 2{,}426 \cdot 10^{-12}$ m.

Exemplo prático II

Considere uma colisão frontal entre um elétron em repouso e um fóton de raio X de comprimento de onda igual a 6 pm, sendo que o fóton espalhado tem a mesma direção, mas sentido oposto ao do fóton incidente. Determine a energia cinética do elétron recuado.

Solução

Primeiramente, estabelecemos a variação do comprimento de onda:

$$\lambda_s - \lambda_i = \frac{h}{m_e c}(1 - \cos\theta)$$

$$\lambda_s - \lambda_i = 2,43 \cdot 10^{-12}(1 - \cos 180)$$

$$\lambda_s - \lambda_i = 4,86 \cdot 10^{-12}\ \text{m}$$

Depois de determinar a variação, podemos calcular o comprimento de onda λ_s:

$$\lambda_s - \lambda_i = \Delta\lambda$$

$$\lambda_s - 6 \cdot 10^{-12}\ \text{m} = 4,86 \cdot 10^{-12}\ \text{m}$$

$$\lambda_s = 4,86 \cdot 10^{-12}\ \text{m} + 6 \cdot 10^{-12}\ \text{m}$$

$$\lambda_s = 10,86 \cdot 10^{-12}\ \text{m} = 10,86\ \text{pm}$$

A energia cinética do elétron recuado é igual à energia do fóton incidente menos a energia do fóton espalhado, isto é:

$$K_e = E_i - E_s$$

$$K_e = \frac{hc}{\lambda_i} - \frac{hc}{\lambda_s}$$

$$K_e = \frac{1\,240\ \text{eV} \cdot \text{nm}}{6\ \text{pm}} - \frac{1\,240\ \text{eV} \cdot \text{nm}}{10,86\ \text{pm}}$$

$$K_e = 93 \cdot 10^3\ \text{eV}$$

Exemplo prático III

Ao realizar um experimento em um laboratório, é possível manipular o equipamento para obter um espalhamento de fótons de raio X com ângulos diferentes. Qual deve ser o ângulo do comprimento de onda de raio X espalhado para que seja 1% maior que o comprimento de onda $\lambda = 0{,}124$ nm incidente?

Solução

Nesse problema, o comprimento de onda espalhado deve ser 1% maior que o incidente $\lambda = 0{,}124$ nm. Assim:

$$\Delta\lambda = \lambda_s - \lambda_i = 0{,}01 \cdot 0{,}124 \text{ nm} = 0{,}00124 \text{ nm}$$

Usando a equação de Compton, temos:

$$\Delta\lambda = \lambda_s - \lambda_i = \frac{h}{m_e c}(1 - \cos\theta)$$

$$\cos\theta = 1 - \frac{\Delta\lambda}{\frac{h}{m_e c}}$$

$$\cos\theta = 1 - \frac{1{,}24 \cdot 10^{-12} \text{ m}}{2{,}426 \cdot 10^{-12} \text{ m}}$$

$$\cos\theta = 0{,}4889$$

Logo, o ângulo θ vale:

$$\theta = 60{,}7°$$

O espalhamento Compton ou efeito Compton explica o comportamento dual onda-partícula dos fótons, pois estes interagem com a matéria e produzem uma colisão com o comportamento de partícula-partícula. Na forma da eletrodinâmica quântica, o espalhamento Compton é descrito como um fóton com quadrimomentum $\bar{k}$ e polarização ϵ^{μ}, absorvido por um elétron, e um segundo fóton com quadrimomentum $\bar{k}'$ e polarização $\epsilon^{\mu'}$ é emitido, como mostra o diagrama de Feynman, na Figura 2.7.

Figura 2.7 – Espalhamento Compton

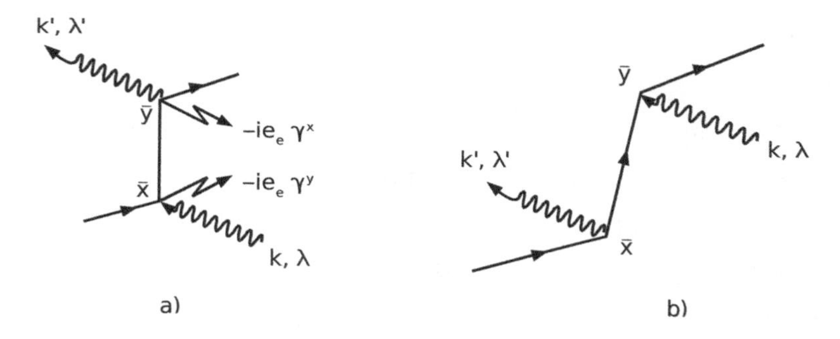

Há outros tipos de espalhamento, como o espalhamento inelástico e os espalhamentos que envolvem diversos tipos de partículas, como o espalhamento Bhabha. No espalhamento inelástico, há mudança no estado interno da partícula, em que a amplitude da onda emergente é menor que a da onda incidente.

O espalhamento Bhabha foi estudado pelo físico Homi Jehangir Bhabha, em 1935. Ele ocorre entre um elétron e um pósitron, que é a antipartícula do elétron, sendo análogo ao espalhamento entre elétrons. Basicamente, nesse espalhamento, o spinor do elétron incidente é substituído pelo do pósitron emergente e vice-versa. A representação pelo diagrama de Feynman do espalhamento do elétron-pósitron pode ser vista na Figura 2.8.

Figura 2.8 – Espalhamento Bhabha

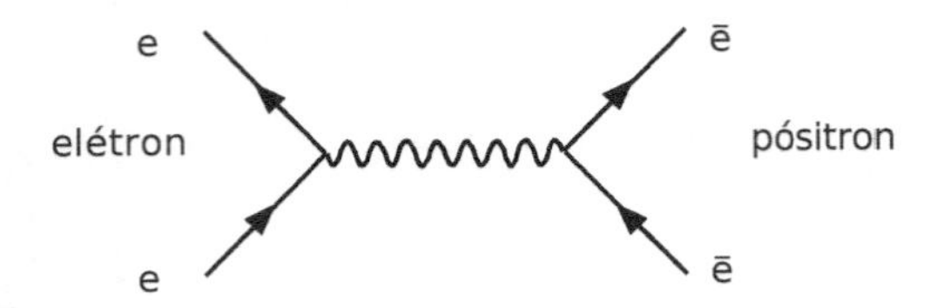

Pela figura, podemos interpretar a interação, fazendo a leitura da esquerda para a direita, com $e^- + e^+ \to e^- + e^+$ sendo mediada por um fóton. O espalhamento Bhabha é atualmente usado para medir a luminosidade, sendo que a taxa de espalhamento mostra um tipo de monitor de luminosidade em colisores de partículas.

Radiação residual

Neste capítulo, abordamos teorias quânticas sobre as interações das partículas carregadas em campos elétricos. Em paralelo, apresentamos a matemática usada para explicar fenômenos como a equação de Dirac, a forma lagrangiana e as regras de Feynman.

Além disso, tratamos das interações entre as partículas nos campos eletromagnéticos, como os fótons e os elétrons, cuja descrição se dá mediante matemáticas específicas, mas sem deixar de recorrer a conceitos da eletrodinâmica clássica, como a equação de Schrödinger, que explica o movimento quântico do elétron.

Por fim, discutimos o conceito de espalhamento, que consiste em um fenômeno de interação entre as partículas e que pode ser entendido como um encontro entre elas.

Testes quânticos

1) Como podemos explicar de modo simples o choque entre um elétron e um fóton?

2) De que maneira é possível explicar por que se utiliza a probabilidade para encontrar um fóton em uma região de volume qualquer?

3) Assinale V para as assertivas verdadeiras e F para as falsas.
   ( ) No espalhamento inelástico, o estado se conserva.
   ( ) O espalhamento entre próton e elétron é chamado de *espalhamento Bhabha*.
   ( ) No espalhamento, Compton observou que o elétron recua, absorvendo energia, e o fóton espalhado tem menor energia.
   ( ) O espalhamento da luz por um elétron é considerado uma colisão entre um fóton de momento e um elétron estacionário.

   Agora, assinale a alternativa que apresenta a sequência correta:

   a) V, V, F, F.
   b) F, F, V, V.

c) V, F, F, V.
d) F, V, V, F.
e) V, V, V, V.

4) Se uma partícula realiza um movimento retilíneo com velocidade constante em um movimento de vai e volta entre duas paredes que estão distantes 5 cm, a probabilidade de encontrar a partícula no intervalo $0 < x < 2$ cm entre as paredes será de:

a) 0,1.
b) 0,2.
c) 0,4.
d) 0,6.
e) 0,8.

5) Avalie as sentenças a seguir.

I) As partículas de matéria que têm número de *spin* como o elétron, cujo *spin* é de $\frac{1}{2}$, são chamadas de *férmions*.

II) Uma função de onda descreve o estado quântico. Isso significa que é possível determinar os valores médios da posição, do momento linear, da energia e do momento angular das partículas.

III) Para ondas estacionárias, a densidade de probabilidade não depende do tempo.

Está(ão) correta(s) a(s) sentença(s):

a) I, apenas.
b) II, apenas.
c) I e III.

d) I e II.

e) I, II e III.

Interações teóricas

Computações quânticas

1) Considerando que é possível quantizar energia em átomos ou em outros sistemas, podemos dizer que a energia é sempre quantizada?

2) Se o elétron gira em torno do núcleo atômico, a probabilidade de encontrar o elétron nessa órbita não deveria ser sempre a mesma?

Relatório do experimento

1) Como seria possível demonstrar o fenômeno do espalhamento entre partículas em um experimento para alunos de ensino médio? Construa um plano de aula cujo objetivo seja realizar um experimento referente às interações de partículas, a fim de observar o conceito de espalhamento.

Hádrons e pártons

Neste capítulo, trataremos das interações entre hádrons e o modelo a pártons por meio de um estudo sobre as interações fortes de altas energias. Esse tema tem grande relevância no regime chamado de *cromodinâmica quântica* (QCD, do inglês *quantum chromodynamics*), teoria atualmente aceita que descreve as interações entre quarks e glúons.

Com relação às estruturas dos hádrons a pequenas escalas de distância, é possível fazer uma análise utilizando a teoria da QCD em virtude da propriedade da liberdade assintótica, mediante o conceito do espalhamento inelástico profundo, em que o próton e um elétron são acelerados a altas energias e colidem.

3.1 Espalhamento elétron-próton e espalhamento inelástico elétron-próton: fator de forma

No estudo da estrutura nuclear, o espalhamento de elétrons é uma das técnicas mais poderosas e versáteis, tendo em vista que a interação dos elétrons com os núcleos é eletromagnética, sendo relativamente fraca. Assim, o processo de medição não causa grandes perturbações à estrutura do núcleo.

Quando uma partícula carregada interage com outra, no processo de espalhamento, a energia total do sistema é conservada. A energia anterior à interação é igual à energia no momento da máxima aproximação, quando a velocidade da partícula se anula antes de mudar o sentido. Podemos pensar que, quanto mais a partícula se aproxima do núcleo, mais a energia cinética dela é convertida em energia potencial elétrica do sistema. Então, no ponto de aproximação máxima, toda a energia cinética é convertida em energia potencial. Desse modo, é possível imaginar que há uma distância mínima a que a partícula consegue se aproximar de um núcleo.

A utilização dos elétrons como projéteis para que se possa investigar a estrutura nuclear pode ser aplicada analogamente em processos envolvendo fótons reais. Contudo, com o uso de elétrons, pode-se variar o momento transferido ao núcleo pelo elétron espalhado.

Quando consideramos as partículas como projéteis incidindo perpendicularmente em um plano, cada centro espalhado tem uma área efetiva que é perpendicular ao fluxo de partículas-projéteis. A essa área chamamos de *seção de choque*, representada pela letra σ. A dimensão é de área, ou seja, em m^2. Porém, na física de partículas, é conveniente utilizar outra unidade, pois as seções de choque são muito pequenas. Logo, as unidades usadas são barn (b) ou milibarn (mb), sendo que $1b = 10^{-28}\ m^2$ e $1m\ b = 10^{-31}\ m^2$.

Sem nos preocuparmos, *a priori*, com o tipo de partícula em interação, em uma clássica seção de choque em que cada centro espalhador do alvo é o mesmo, podemos calcular a probabilidade Π de que uma partícula participe de um evento de espalhamento determinando a soma das áreas de todos os centros espalhadores dividida pela área na qual estão distribuídos:

Equação 3.1

$$\Pi = \frac{n_t \sigma}{A}$$

Em que n_t é o número de centros de espalhamento contidos na área A. Se um número de n_p de partículas incidir sobre a área A, o número total N_{pt} de reações será:

Equação 3.2

$$N_{pt} = n_p \Pi = \frac{n_p n_t \sigma}{A}$$

Isolando a seção de choque, temos:

Equação 3.3

$$\sigma = \frac{N_{pt} A}{n_p n_t}$$

Em geral, a seção de choque é definida pelo número de reações que ocorrem por segundo dividido pelo número de partículas na forma de projéteis que incidem sobre o alvo por segundo e por unidade de área. A seção de choque na forma diferencial $\frac{d\sigma}{d\Omega}$ é tida como o número de reações de uma partícula em algum ângulo sólido $d\Omega$ por segundo dividido pelo número de partículas na forma de projéteis que incidem sobre o alvo por segundo e por unidade de área.

Considerando-se uma seção esférica, basta integrar $\frac{d\sigma}{d\Omega}$ sobre toda a esfera, o que permitirá obter a seção de choque total:

Equação 3.4

$$\sigma = \int_{4\pi} \left(\frac{d\sigma}{d\Omega} \right) d\Omega$$

Até o momento, a seção de choque apresentada não faz referência aos tipos de partículas em interação. Como veremos a seguir, há expressões diferentes para a seção de choque, a depender das partículas que interagem. No entanto, geralmente, tais definições se aplicam tanto à física clássica quanto à quântica.

Exemplo prático I

Considere uma seção de choque $\frac{d\sigma}{d\Omega}$ representada na Figura 3.1. A seção de choque infinitesimal $d\sigma$ pode ser expressa em termos do parâmetro de impacto *b* da colisão, dada por $d\sigma = b\, db\, d\phi$, em que ϕ é o ângulo azimutal, e o diferencial do ângulo sólido $d\Omega$ é obtido por $d\Omega = \text{sen}\, \theta\, d\theta\, d\phi$.

Quais são a expressão do espalhamento geométrico de uma partícula por uma esfera rígida de raio R e a seção de choque total?

Figura 3.1 – Espalhamento geométrico de uma partícula por uma esfera rígida de raio R

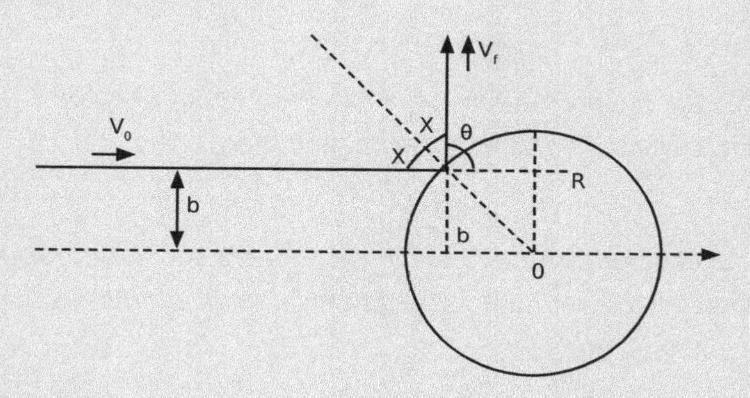

Solução

Para obtermos a seção de choque diferencial em relação ao ângulo sólido $d\Omega$, é necessário expressar o parâmetro de impacto em termos do ângulo de espalhamento θ. Pela figura, conseguimos obter uma relação para o ângulo θ e o parâmetro de impacto *b* usando os conceitos da trigonometria. Assim:

$$\theta = \pi - 2\chi \text{ e } b = R\text{sen}\chi = R\text{sen}\left(\frac{\pi}{2} - \frac{\theta}{2}\right) = R\cos\frac{\theta}{2}$$

Então, aplicando a expressão da seção de choque infinitesimal $d\sigma$, substituímos o valor de *b* e o diferencial *db*, obtendo:

$$d\sigma = b\, db\, d\phi$$

$$d\sigma = R\cos\frac{\theta}{2}\left(\frac{1}{2}R \cdot \text{sen}\frac{\theta}{2}\right)d\theta\, d\phi$$

$$d\sigma = \frac{1}{4}R^2 \cdot \text{sen}\theta \cdot d\theta\, d\phi$$

Substituindo a expressão do diferencial do ângulo sólido $d\Omega$, obtemos:

$$d\sigma = \frac{1}{4}R^2 \cdot d\Omega$$

Logo, a expressão do espalhamento geométrico de uma partícula por uma esfera rígida de raio R é:

$$\sigma(\Omega) \equiv \frac{d\sigma}{d\Omega} = \frac{1}{4}R^2$$

A seção de choque total corresponde à soma de todas as seções de choque. Assim, integramos a expressão encontrada $\sigma(\Omega)$:

$$\sigma = \int \frac{d\sigma}{d\Omega} d\Omega = \int \frac{1}{4} R^2 d\Omega = \pi R^2$$

Exemplo prático II

Considere que uma partícula alfa com carga +2e está se aproximando de um núcleo de ouro com carga +79e. Se a partícula alfa tem uma energia cinética de 5 MeV e a única força de interação entre as partículas é a força coulombiana, calcule o quão próximo a partícula chega do núcleo.

Solução

Quanto mais a partícula se aproxima do núcleo, mais a energia cinética é convertida em energia potencial. Portanto, no ponto de aproximação máxima, toda a energia cinética será convertida em energia potencial. A energia potencial eletroestática compartilhada por eles é:

$$U(r) = k\frac{q_1q_2}{r} = k\frac{(2e)(79e)}{r} = ke^2\frac{(2)(79)}{r}$$

Na máxima aproximação possível, essa energia deve ser igual à energia cinética da partícula alfa. Assim, temos:

$$ke^2\frac{(2)(79)}{r_{min}} = 5\,\text{MeV}$$

Isolando a distância mínima, obtemos:

$$r_{min} = ke^2\frac{(2)(79)}{5\,\text{MeV}} = \frac{(9{,}9876\cdot 10^9\ \text{Jm/C}^2)(1{,}602\cdot 10^{-19}\ \text{C})^2\cdot 2\cdot 79}{5\,\text{MeV}}$$

$$r_{min} = \frac{(1{,}44\ \text{MeVfm})\cdot 2\cdot 79}{5\,\text{MeV}} = 45{,}5\ \text{f}$$

Utilizando-se as medidas de seção de choque, chamadas de *fatores de forma*, para um grande intervalo de valores de momento transferido, é possível reconstituir as densidades por meio da inversão da transformada de Fourier, pois o fator de forma medido corresponde à transformada de Fourier das densidades de carga e corrente de transição do estado excitado.

Basicamente, o processo de espalhamento pode ser de quatro maneiras:

I. **Espalhamento elástico**: após o processo de colisão, o elétron incidente e o espalhado têm a mesma energia, e o alvo permanece no mesmo estado.

II. **Espalhamento inelástico**: ocorre a excitação eletrônica do alvo, em razão da transferência de parte da energia do elétron incidente.

III. **Reações**: as partículas interagem formando produtos diferentes dos iniciais. Tais reações ocorrem quando há dissociação ou ionização.

IV. **Captura**: o sistema inicial fica reduzido a uma única partícula, ou seja, o alvo captura o elétron incidente.

Com relação ao espalhamento elétron-próton, quando o elétron incide sobre o próton, mas não tem energia suficiente para interagir com os quarks dos prótons, chamamos de *espalhamento elétron-próton elástico*. Por sua vez, quando o elétron tem energia para interagir com os quarks, denominamos *espalhamento elétron-próton inelástico*.

No espalhamento elástico, é possível obter informações sobre a distribuição de cargas e correntes no estado fundamental do núcleo. Já no espalhamento inelástico, a interação se dá com cargas e correntes de transição, e podemos obter informações sobre os estados excitados do núcleo.

Agora, vamos imaginar um feixe de elétrons relativísticos incidindo sobre núcleos leves. Se as energias dos elétrons forem maiores que suas energias de repouso, mas menores que a energia de repouso do núcleo, eles serão elasticamente espalhados e sua distribuição ocorrerá em função do ângulo θ em relação à direção incidente. A esse tipo de seção de choque damos o nome de *seção de choque de Mott*. Na literatura, a equação obtida por Mott, em 1929, é conhecida como:

Equação 3.5

$$\left.\frac{d\sigma}{d\Omega}\right|_M = \left(\frac{Z^2e^4}{16E^2\text{sen}^4\frac{\theta}{2}}\right)\left(\cos^2\frac{\theta}{2}\right)$$

Em que E representa a energia do elétron incidente, Z é a carga do núcleo e θ corresponde ao ângulo de espalhamento. A fórmula de Mott é uma extensão da equação de Rutherford para o espalhamento quando as energias dos elétrons são maiores que a energia de repouso, mas menores que a energia de repouso do núcleo. O termo entre os primeiros parênteses se refere ao espalhamento de Rutherford.

Esse tipo de espalhamento foi observado em 1953 por Hofstadter, que espalhou elétrons contendo energia incidente de 25 MeV por núcleos leves de berílio com energia de repouso M = 9 GeV (Anselmino et al., 2013). Como era de se esperar, pela teoria da seção de choque de um alvo pontual, o desvio sofrido pelos elétrons mostrou o quanto a carga elétrica nuclear era espacialmente distribuída. Nessa perspectiva, a fim de modelar a distribuição de núcleons no interior dos núcleos, Hofstadter determinou alguns parâmetros para núcleos leves e pesados, utilizando os chamados *fatores de forma*. O fator de forma nuclear que caracteriza a distribuição $\rho(r)$ dos elementos com carga elétrica no interior do núcleo é dado pela seguinte função:

Equação 3.6

$$F(\vec{q}) = \int_{\text{núcleo}} dV\rho(R)e^{i\vec{q}\cdot\vec{r}}$$

Em que $|\vec{q}| = 2\sqrt{2mE} \cdot \text{sen}\left(\frac{\theta}{2}\right)$ corresponde ao momento transferido ao núcleo. Para ângulos pequenos de espalhamento e pouco *momentum* transferido ao núcleo, tendendo a zero, o fator de forma fica:

Equação 3.7

$$F(\vec{q}) = \int_{\text{núcleo}} \left[1 + i\vec{q}\cdot\vec{r} - \frac{(\vec{q}\cdot\vec{r})^2}{2} + \ldots\right]\rho(r)dV$$

Em que $dV = 2\pi r^2 dr \cdot \text{sen}(\theta)d\theta$. Como o momento transferido ao núcleo tende a zero, temos que o termo $\vec{q}\cdot\vec{r} = |\vec{q}|\cdot|\vec{r}|\cos\theta = 0$. O fator de forma vai depender apenas de $|\vec{q}|^2$, logo:

Equação 3.8

$$F\left(|\vec{q}|^2\right) = \int \rho(r)dV + \frac{|\vec{q}|^2}{2} 2\pi \int r^4 \rho(r)dr \int_0^{\pi} \cos^2\theta d\cos\theta$$

O resultado da primeira integral $\rho(r)dV$ é igual a 1, e o resultado da última integral de $\cos^2\theta d\cos\theta$ é – 2/3. Assim, substituindo esses resultados e levando em consideração que $\int d\Omega = 4\pi$, ficamos com:

Equação 3.9

$$F\left(|\vec{q}|^2\right) = 1 - \frac{|\vec{q}|^2}{6} \int r^2 \rho(r) dV$$

Cuja escrita também pode ser:

Equação 3.10

$$F\left(|\vec{q}|^2\right) = 1 - \frac{|\vec{q}|^2}{6} r^2$$

Portanto, percebemos que o fator de forma para pequenos ângulos nos fornece o raio efetivo da distribuição de cargas.

Expansão da matéria

No espalhamento de partículas alfa observado por Ernest Rutherford, um feixe dessas partículas incidiu sobre uma folha de ouro. O resultado do experimento levou o cientista a propor um novo modelo atômico, diferente do modelo de Thomson que era válido à época. No *link* indicado, podemos observar uma apresentação desse experimento e o espalhamento de Rutherford.

BAGNATO, V. S. Física Moderna – Aula 14: Espalhamento Rutherford. **Óptica e Fotônica**, 7 maio 2016. Disponível em: <https://www.youtube.com/watch?v=v0VmRg2FzaA>. Acesso em: 5 mar. 2023.

Exemplo prático III

Represente um esboço da seção de choque clássica de Mott em função do ângulo de espalhamento θ para o espalhamento de elétrons por prótons com energia cinética E, em que $mc^2 \ll E \ll Mc^2$.

Solução

O esboço da seção de choque clássica de Mott está representado pela linha pontilhada descrita pela equação 3.7. A linha tracejada corresponde à seção de choque clássica de Rutherford.

Figura 3.2 – Seção de choque clássica de Mott e Rutherford

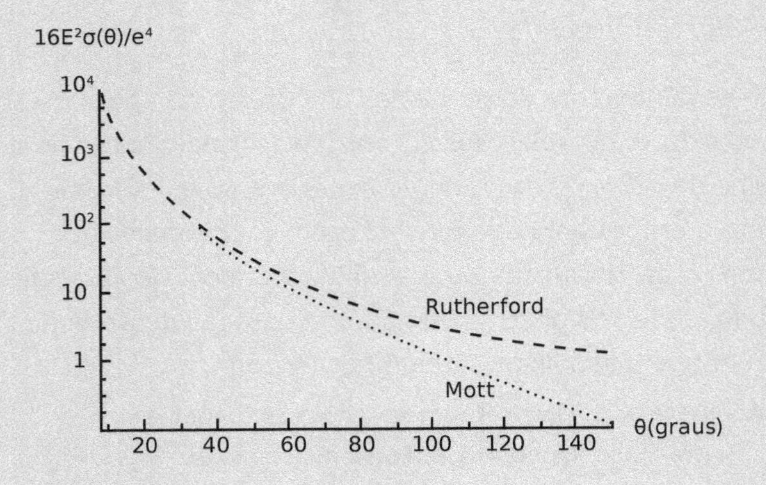

Comparando as duas seções de choque clássicas, percebemos que o comportamento é praticamente igual para ângulos compreendidos entre 0° e 50°.

O espalhamento de elétrons em núcleos pesados, com energia $M_{núcleo} \sim 200$ GeV, foi verificado em experimentos nos quais os elétrons espalhados tinham energia de 25 MeV por núcleos de ouro. Hofstadter observou que o número de elétrons elasticamente espalhados para ângulos $\theta > 45°$ se distribuía acima do que era previsto pela equação de Mott, sendo análogo ao visto por Rutherford, quando este descobriu o núcleo atômico. Ainda, Hofstadter realizou vários experimentos com colisão elástica de elétrons com energia entre 180 MeV e 500 MeV por núcleo de hidrogênio (Anselmino et al., 2013).

3.2 *Scaling* de Bjorken

No espalhamento inelástico profundo (Figura 3.3) – *deep inelastic scattering* (DIS) –, o elétron *e* é lançado contra um próton *p* e, após a colisão, apenas o elétron é completamente identificado, ou seja, o próton se fragmenta em um sistema X de partículas. Podemos dizer que, nesse processo, o elétron é o projétil, e o próton, o alvo. O processo DIS é dado pela seguinte expressão:

Equação 3.11

$$ep \rightarrow eX$$

Tal processo é classificado como inclusivo, quando as partículas que formam o sistema X não são identificadas, ou exclusivo, no caso em que as partículas são identificadas.

Figura 3.3 – Espalhamento inelástico profundo

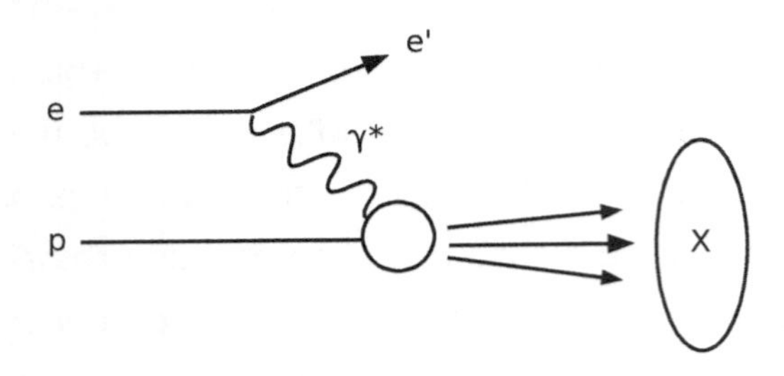

A seção de choque do espalhamento inelástico profundo de elétrons por prótons tem dependência da energia inicial E, dos elétrons e das variáveis independentes θ, bem como da energia do elétron espalhado E′. As funções de estrutura, que têm informações a respeito da estrutura interna do próton, são definidas como uma função de q^2 e *x*, isto é, $W_1(q^2, x)$ e $W_2(q^2, x)$, sendo $q^2 = -4EE'\text{sen}^2\left(\frac{\theta}{2}\right)$ e $x = \frac{-q^2}{2Mv}$. É um tanto difícil determinar os valores separados de W_1 e W_2 para ângulos grandes, porém, para um valor fixo de *x*, W_1 e a combinação vW_2 não variam para $|q^2| \geq 1\text{GeV}^2$, conforme havia sido previsto por Bjorken em 1969 (Anselmino et al., 2013).

A correlação entre W_1 e a combinação vW_2 é chamada de *scaling de Bjorken* e, fazendo $|q^2|$ e *v* tenderem ao infinito, mantendo *x* finito, podemos escrever:

Equação 3.8

$$\begin{cases} MW_1 \rightarrow F_1(x) \\ vW_2 \rightarrow F_2(x) \end{cases}$$

Em que $F_1(x)$ e $F_2(x)$ são funções finitas. Em outros experimentos de espalhamento de elétrons por dêuterons no Massachusetts Institute of Technology – Stanford Linear Accelerator Center (MIT-SLAC) e de espalhamento de neutrinos por núcleons no European Organization for Nuclear Research (CERN), resultados similares, previstos por Bjorken, foram encontrados para as funções de estrutura dos núcleons.

3.3 Modelo a pártons de Feynman

Segundo o modelo a pártons, o próton não é considerado uma partícula elementar. Ao contrário disso, ele é constituído por outras partículas elementares, as quais constituem os prótons e são chamadas de *pártons*.

Na colisão de um elétron com um núcleon, Feynman, em 1969, sugeriu que a dinâmica era uma espécie de interação dos elétrons com objetos puntiformes eletricamente carregados, de *spin* 1/2 (Anselmino et al., 2013). Dessa forma, considerando-se o próton como sendo formado por objetos puntiformes de *spin* 1/2, o cálculo para descobrir a seção de choque é determinado pela soma das seções de choque individuais dos espalhamentos elásticos de fótons virtuais com os constituintes livres dos prótons, de tal modo que se consegue encontrar as funções de estrutura que satisfazem à propriedade do *scaling* de Bjorken.

Expansão da matéria

No artigo "A invenção dos pártons", você conhecerá mais sobre a carreira, as obras e as contribuições do físico Richard Feynman. Os modelos cunhados por esse cientista, conhecidos como *diagramas de Feynman* e *regras de Feynman*, referem-se a conceitos bem-sucedidos a respeito do espalhamento, sendo aplicados até hoje.

ESCOBAR, C. O. A invenção dos pártons. **Revista Brasileira de Ensino de Física**, v. 40, n. 4, e4214, 2018. Disponível em: <https://www.scielo.br/j/rbef/a/ckLjrFzX3VKPSXnr4hbHw6H/?format=pdf&lang=pt>. Acesso em: 2 maio 2023.

As regras de Feynman e os diagramas usados para descrever as interações entre as partículas nos ajudam a determinar as seções de choque. Na Figura 3.4, a seguir, o vértice primitivo é ilustrado, sendo que todos os fenômenos eletromagnéticos podem ser representados por esses tipos de combinações.

Figura 3.4 – Diagrama de Feynman: vértice primitivo

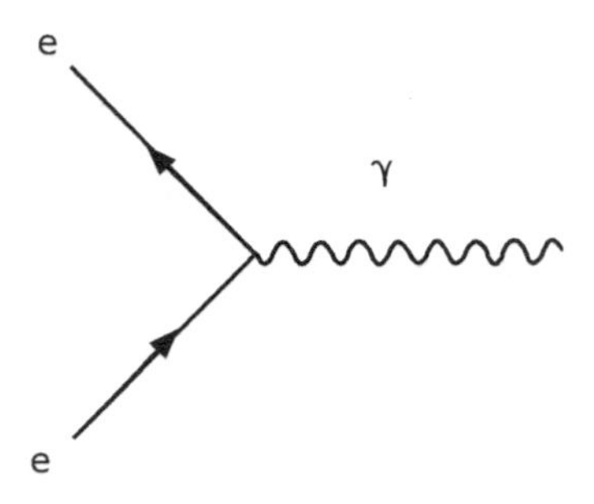

Na Figura 3.5, veja a representação (a) de dois elétrons que entram, trocam um fóton e saem, retratando a repulsão eletrostática de cargas de mesmo sinal. Por sua vez, em (b) consta a representação da atração eletrostática entre um elétron e um pósitron. Nesses casos, as linhas que iniciam e terminam no interior do diagrama são partículas virtuais.

Figura 3.5 – Diagrama de Feynman: (a) repulsão eletrostática de cargas de mesmo sinal; (b) atração eletrostática entre um elétron e um pósitron

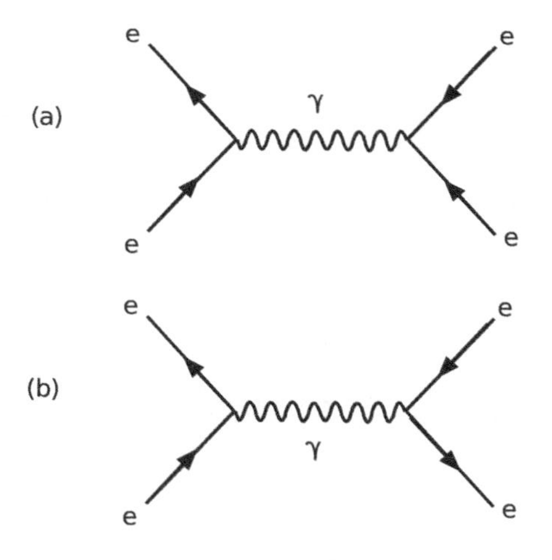

Na sequência, na Figura 3.6, vemos em (a) a representação do efeito Compton e em (b) outra forma de indicar a interação entre um elétron e um pósitron, envolvendo a aniquilação de um par (parte inferior) e a criação de um par (parte superior). Por fim, em (c) observe a representação do processo de aniquilação de um par elétron-pósitron.

Figura 3.6 – Diagrama de Feynman: (a) efeito Compton; (b) interação entre um elétron e um pósitron; (c) processo de aniquilação de um par elétron-pósitron

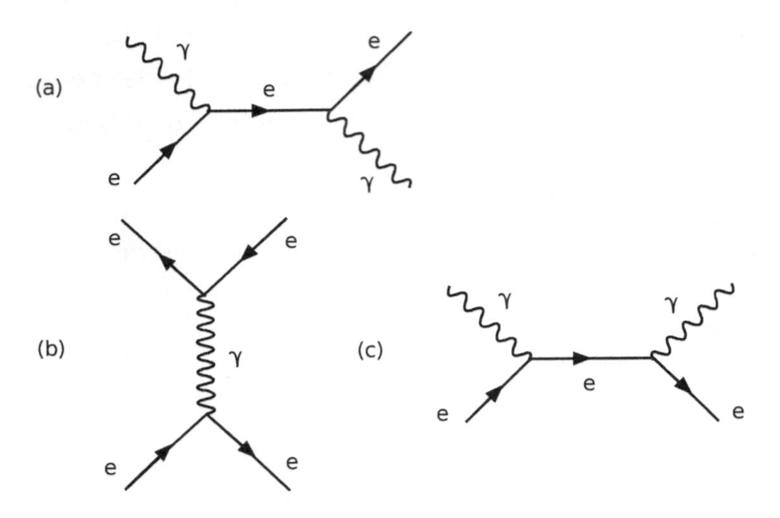

Agora, podemos representar o espalhamento do elétron-próton. Como mostra a Figura 3.7, um quadrimomentum *q* é transferido ao fóton.

Figura 3.7 – Diagrama de Feynman: espalhamento elétron-próton

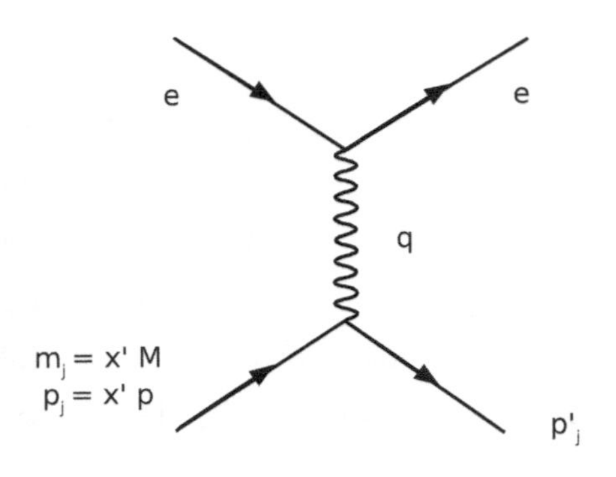

Nesse espalhamento elástico, *x'* corresponde à fração de massa do próton carregada pelo párton, e a massa do próton é retratada como $m_j = x'M$, de *spin* 1/2. A seção de choque diferencial é determinada pela soma das seções de choque individuais do espalhamento de fótons virtuais com as partículas constituintes dos prótons, da seguinte maneira:

Equação 3.13

$$\sigma_d^{ej} = \sigma_o e_j^2 \left[\frac{\text{sen}^2 \frac{\theta}{2}}{M} + \frac{x' \cdot \cos^2 \frac{\theta}{2}}{v} \right] \delta(x - x')$$

Em que $\sigma_o = \dfrac{\alpha^2}{\left(4E^2 \text{sen}\left(\frac{\theta}{2}\right)\right)}$ e $x = \dfrac{-q^2}{2Mv}$. Em outras palavras, a seção de choque do elétron com o próton consiste na aproximação da soma das seções de choque do elétron com cada párton *j*, ou seja, $\sigma_d^{ep} \sim \sum_j \sigma_d^{ej}$. Dessa equação, torna-se possível identificar as relações com as funções de estrutura:

Equação 3.14

$$\begin{cases} MW_1^{ej} = \dfrac{e_j^2}{2} \delta(x' - x) \\ vW_2^{ej} = e_j^2 \delta(x' - x) \end{cases}$$

Assim, obtemos as funções de estrutura que satisfazem à propriedade do *scaling* de Bjorken. Vale ressaltar que tais funções de estrutura, apesar de dependerem apenas da variável *x*, não estão de acordo com os dados experimentais verificados. Isso indica que há uma dependência mais suave da variável *x*. Logo, pode-se pensar na hipótese de que no interior dos prótons há pártons com uma distribuição contínua de massa e com $0 \leq x' \leq 1$, de tal forma que é grande a probabilidade $f_j(x')dx'$ de que um párton *j* tenha uma massa entre $x'M$ e $(x' + dx')M$. Dessa maneira, a seção de choque total pode ser determinada pela seguinte expressão:

Equação 3.15

$$\sigma_d^{ep} = \sum_j \int_0^1 dx' f_j(x') \sigma_{d'}^{ej}$$

As funções de estruturas ficam assim:

Equação 3.16

$$\begin{cases} MW_1^{ep} = \dfrac{1}{2} \sum_j e_j^2 f_j(x) = F_1(x) \\ vW_2^{ep} = x \sum_j e_j^2 f_j(x) = F_2(x) \end{cases}$$

E a seção de choque total é dada por:

Equação 3.17

$$\sigma_d^{ep} = \sigma_o \left[\frac{F_1(x) \text{sen}^2 \dfrac{\theta}{2}}{M} + x \frac{F_2(x) \cdot \cos^2 \dfrac{\theta}{2}}{v} \right]$$

No modelo de pártons, a variável x de Bjorken passa a ter o mesmo significado de fração da massa do próton transportada pelo párton que interage com o elétron, com um único valor de $x' = x$.

Exemplo prático IV

Faça um diagrama de Feynman que ilustre o processo de criação de um par elétron-pósitron.

Solução

Primeiramente, fazemos a representação do vértice primitivo em uma interação elétron-fóton, na qual os produtos são um elétron real e um pósitron virtual (Figura 3.8).

Figura 3.8 – Interação elétron-fóton, resultando em um elétron real e em um pósitron virtual

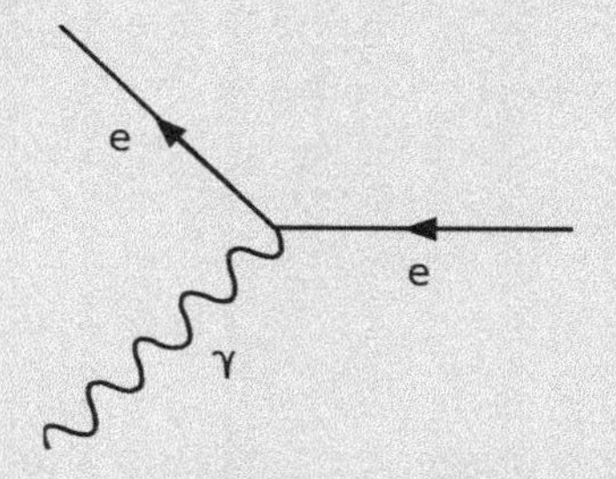

A seguir, representamos outro vértice primitivo com a interação fóton-pósitron, em que os produtos são um pósitron real e um pósitron virtual (Figura 3.9).

Figura 3.9 – Interação fóton-pósitron, resultando em um pósitron real e em um pósitron virtual

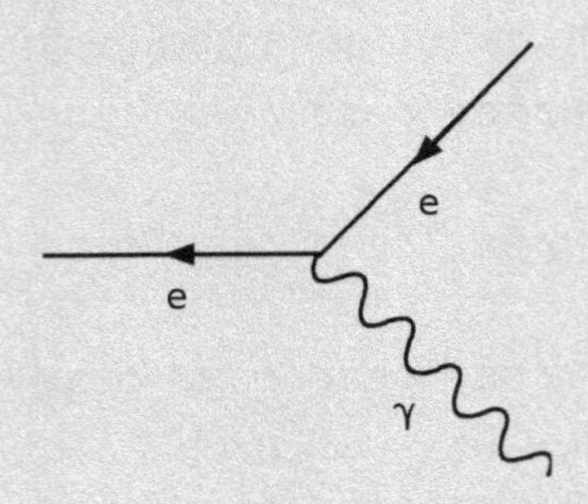

Em seguida, unimos os dois desenhos e obtemos o diagrama que se refere à criação de um par elétron-pósitron (Figura 3.10).

Figura 3.10 – Criação de um par elétron-pósitron

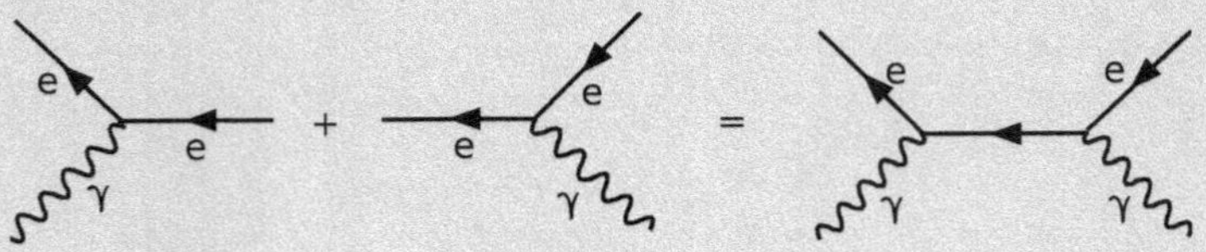

3.4 Glúons

Classificados como *bósons*, os glúons são partículas fundamentais de campo associadas às forças fortes entre quarks. Nas interações entre quarks e glúons ou pártons, aparecem duas propriedades de extrema relevância: a liberdade assintótica e o confinamento, em razão da constante de acoplamento que depende da escala de energia.

A liberdade assintótica ocorre em altas energias e faz com que quarks possam ser tratados como quase livres, além de ser possível usar a teoria de perturbação em espalhamentos hadrônicos. O confinamento tem uma constante de acoplamento elevado, o que faz com que os pártons fiquem confinados em estados ligados.

Em resultados experimentais realizados no colisor de altas energias, Hadron-Elektro-Ring-Anlage (HERA), na Alemanha, por volta de 1990, confirmou-se que, a altas energias, a distribuição de glúons cresce fortemente à medida que o momento transferido ao núcleo $|\vec{q}|^2$ – ou na notação Q^2 – aumenta e/ou que x diminui (Anselmino et al., 2013). A dominante contribuição dos processos em um nível partônico vem do espalhamento que envolve glúons de pouca fração de momento e do forte crescimento da distribuição de pártons. Por isso, os hádrons que colidem são vistos como meios altamente densos e coloridos.

Figura 3.11 – Emissão de um glúon pelo quark

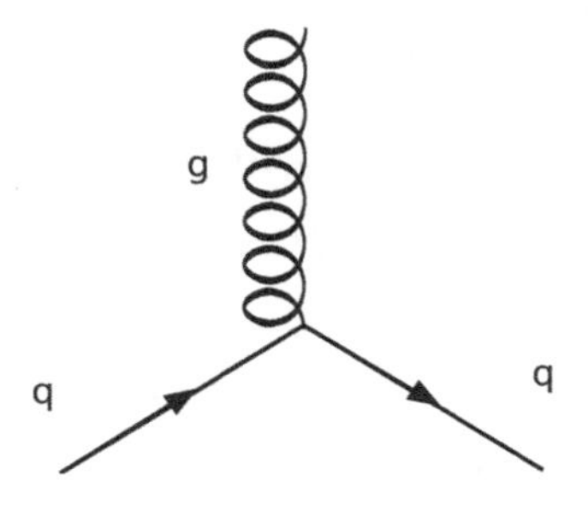

A interação entre quarks é intermediada pela troca de glúons. Assim, no regime de altas energias, a interação forte pode ser considerada como perturbativa – denominada *teoria da QCD perturbativa* –, a qual prevê uma dependência suave de Q^2 para as funções de estrutura e uma violação do *scaling* de Bjorken. Então, a presença dos glúons ajuda a resolver o problema do balanço de *momentum* dos hádrons, além de proporcionar uma maneira de explicar os pares de quarks e antiquarks $q_m\bar{q}_m$ e a violação do *scaling* de Bjorken. Se não houvesse a inclusão dos glúons no modelo a pártons, alguns quarks de valência seriam livres e as distribuições ditas *partônicas* seriam deltiformes.

A inclusão dos glúons na teoria torna as interações entre os quarks de valência uma distribuição contínua para os quadrimomenta dos quarks de valência. Além disso, os pares de quarks e antiquarks $q_m\bar{q}_m$ também se associam ao núcleon. As funções de estrutura do próton, das contribuições dos quarks de valência e dos pares de quarks e antiquarks têm comportamento compatível com os resultados experimentais que foram realizados no MIT-SLAC.

Quando tratamos das interações fortes entre quarks e glúons, é necessário fazer correções no modelo a pártons original. No entanto, tais correções violam o *scaling* de Bjorken e a modificação das distribuições partônicas. Como vimos, no modelo a pártons de Feynman as funções de estrutura F_1 e F_2 dependem apenas da variável x

de Bjorken, pois se considera que o núcleon é constituído por um conjunto de pártons que não interagem. Ainda, as funções se relacionam às distribuições de quarks e glúons no interior do núcleon, assim como à seção de choque do espalhamento lépton-párton. Nessa perspectiva, quando desprezamos as componentes dos *momenta* dos pártons transversais ao movimento do próton, acontece o *scaling* de Bjorken.

Contudo, na teoria da QCD, um quark pode emitir um glúon e adquirir uma componente de *momentum* transversal à direção de seu movimento inicial antes de ser espalhado ao interagir com um fóton. Considerando-se que os quarks no interior do núcleon não são inteiramente livres, é possível estender o modelo a pártons para incluir interações fortes entre os quarks, realizando as correções necessárias nas funções de estrutura e nas distribuições de quarks e glúons.

No modelo a pártons, usamos uma propriedade chamada de *fatorização*, de acordo com a qual a seção de choque diferencial do espalhamento lépton-próton é determinada pela multiplicação das funções de distribuição partônicas q(x) pela seção de choque do processo elementar lépton-quark. No espalhamento elétron-párton (eq), xp é a fração de quadrimomentum do próton carregado pelo párton q, e Q^2 é o módulo do quadrado do quadrimomentum transferido ao fóton pelo elétron. Assim, conforme a equação 3.17, temos:

Equação 3.18

$$\sigma_d^{ep \to eX} = \sigma_o \left[\frac{F_1(x) tg^2 \frac{\theta}{2}}{M} + \frac{F_2(x)}{v} \right]$$

Em que σ_o corresponde à seção de choque de Mott. As funções de estrutura do próton dependem apenas da variável *x*, obedecendo ao *scaling* de Bjorken, e são dadas por:

Equação 3.19

$$F_1(x) = \frac{F_2(x)}{x} = \frac{1}{2} \sum_q e_q{}^2 q(x)$$

Entretanto, a violação do *scaling* foi observada em experimentos realizados pelo CERN-Dortmund-Heidelberg-Saclay (CDHS) e pelo CERN na década de 1980. Dessa forma, o modelo a pártons foi estendido para abranger a violação do *scaling* pela modificação das distribuições partônicas dadas por $q(x) \to q(x, Q^2) = q(x) + \Delta q(x, Q^2)$ em $\Delta q(x, Q^2)$, que é o resultado da emissão de glúons. Isso implica acrescentar ao cálculo da seção de choque o processo em que o quark (q), ao interagir com o fóton (γ), emite um glúon (g), ou seja, o processo $\gamma q \to qg$.

Quando o *momentum* do glúon é muito pequeno, ou caso o glúon seja colinear com o quark, a emissão de glúons apresentará singularidades que levarão a divergências infravermelhas. Em altas energias, a divergência colinear é regularizada associando-se uma massa μ ao glúon. Assim, para altos valores de Q^2, podemos escrever o termo de correção da distribuição partônica da seguinte maneira:

Equação 3.20

$$\Delta q(x, Q^2) = \frac{\alpha_s t}{2\pi} \int_x^1 \frac{dy}{y} q(x) P_{qq}\left(\frac{x}{y}\right)$$

Em que $t = \ln\left(\frac{Q^2}{\mu^2}\right)$. A função

$P_{qq}\left(\frac{x}{y}\right) = P_{qq}(z) = \frac{4}{3}\frac{\left(1+z^2\right)}{\left(1-z\right)}$, $z \neq 1$ se refere à densidade de probabilidade de um quark *q* com quadrimomentum *yp* se tornar um quark *q* com quadrimomentum *xp*. Por sua vez, a probabilidade de o glúon *g* com quadrimomentum *yp* se tornar um quark *q* com quadrimomentum *xp* é dada pela função $P_{qg}\left(\frac{x}{y}\right) = P_{qg}(z) = \frac{1}{2}\left[z^2 + (1-z)^2\right]$. Desse modo, é possível acoplar as distribuições dos quarks q(x) e dos glúons g(x):

Equação 3.21

$$q(x, t) = q(x) + \frac{\alpha_s t}{2\pi} \int_x^1 \frac{dy}{y}\left[q(y) P_{qq}\left(\frac{x}{y}\right) + g(y) P_{qg}\left(\frac{x}{y}\right)\right]$$

Derivando em relação a *t*, obtemos:

Equação 3.22

$$\frac{dq(x,t)}{dt} = \frac{\alpha_s}{2\pi}\int_x^1 \left[q(y,t)P_{qq}\left(\frac{x}{y}\right) + g(y,t)y,tP_{qg}\left(\frac{x}{y}\right) \right] \frac{dy}{y}$$

A equação correspondente para a evolução da distribuição de glúons é esta:

Equação 3.23

$$\frac{dg(x,t)}{dt} = \frac{\alpha_s}{2\pi}\int_x^1 \left[\sum_j q_j(y,t)P_{gq}\left(\frac{x}{y}\right) + g(y,t)P_{gg}\left(\frac{x}{y}\right) \right] \frac{dy}{y}$$

Em que *j* indica os sabores de quarks e antiquarks. Tais equações de evolução para as distribuições partônicas foram desenvolvidas em 1972, por V. N. Gribov e L. N. Lipatov, e também em 1977, por Y. L. Dokshitzer, e ficaram conhecidas como *equações de Dokshitzer-Gribov-Lipatov-Altarelli-Parisi*, ou DGLAP (Anselmino et al., 2013).

Para cada processo elementar, diferentes funções P(z) são associadas, as quais se vinculam à probabilidade de que um párton com quadrimomentum *yp* se torne outro párton com quadrimomentum *xp*, pela emissão de um glúon ou pela criação de um par *qq*. Tais funções também são conhecidas como *funções de splitting*. Com as equações DGLAP, podemos determinar a evolução da distribuição partônica, cujas condições não são determinadas por essa teoria, embora possam ser estabelecidas mediante a análise de resultados experimentais para um valor de Q^2, por exemplo. Há vários grupos que se dedicam a encontrar parametrizações para a distribuição e as soluções das equações DGLAP considerando todos os tipos de pártons.

3.5 Jatos e hadronização

O fenômeno chamado de *hadronização* consiste na colisão de partículas em altas energias e que dá origem a vários quarks e glúons. Essas partículas apresentam carga de cor e não permanecem livres. Logo, realizam uma combinação formando hádrons sem cor.

Nas colisões de altas energias, ocorre um aumento do número de glúons no interior de hádrons colidentes, que podemos chamar de h_1 e h_2. Usando pQCD, temos que os processos que contribuem para a seção de choque de jatos de pequenos momentos transversais são processos elementares de dois corpos para dois corpos $(ij \to kl)$, sendo que o estado final é formado por dois jatos opostos com o mesmo momento transversal.

De acordo com observações experimentais e argumentos teóricos, no regime chamado de *espalhamento duro*, em altas energias, os estados hadrônicos finais têm uma estrutura de dois jatos, identificados pela presença de partículas espalhadas que emergem a grandes ângulos θ, tomando como base os feixes iniciais das partículas que colidem.

Figura 3.12 – Distribuição angular dos eixos que definem os jatos

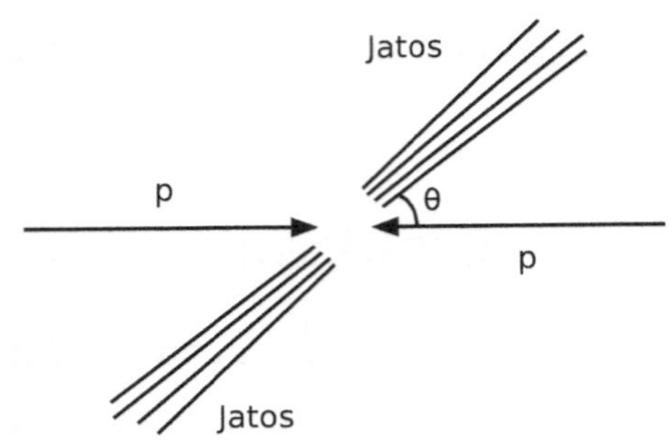

Nesse tipo de fenômeno, utiliza-se o momento transverso $p_T = p\text{sen}\theta$ das partículas que emergem formando os jatos. Podemos imaginar que dois prótons, ao colidirem, lançam partículas em um processo elementar do tipo $ab \rightarrow cd$.

A Figura 3.12 representa a seção de choque do tipo $ab \rightarrow cd$, que, no caso, é $pp \rightarrow$ jatos. Nesse processo, observa-se um momento transverso elevado que contribui para a seção de choque. Ela também está associada a um único hádron C, no tipo de colisão $pp \rightarrow CX$. O termo X representa todas as demais partículas no estado final do processo, de tal forma que os quadrimomenta dos prótons são escritos como $p_a = x_1 p_1$, e $p_b = x_2 p_2$. Assim, a seção de choque para o espalhamento $pp \rightarrow$ jatos pode ser escrita da seguinte maneira:

Equação 3.24

$$\left(\frac{d\sigma}{dx_1 dx_2}\right)^{pp \to jatos} = \sum_{a,b} q_a(x_1) q_b(x_2) \sum_{a,b} \sigma_d^{ab \to cd}$$

Há alguns processos elementares $ab \to cd$ que contribuem para a seção de choque do espalhamento $pp \to$ jatos, como $qq \to qq$, $gg \to q\bar{q}$, $qg \to q\bar{g}$ e $gg \to gg$, e o que exerce maior dominância é o processo $gg \to gg$. Com as correções de QCD, incorporando-se a dependência em Q^2, o cálculo da produção de jatos pode ser determinado por:

Equação 3.25

$$\sigma^{pp \to jatos} = \sum_{a,b,c,d} \int dx_1 dx_2 q_a\left(x_1, Q^2\right) q_b\left(x_2, Q^2\right) \sigma_d^{ab \to cd}$$

Assim, torna-se possível estabelecer a produção de jatos nas interações hádron-hádron.

Radiação residual

Neste capítulo, abordamos as interações entre hádrons e o modelo a pártons. Analisamos o conceito de seção de choque, bem como de espalhamento de elétrons, que pode ser do tipo elástico, inelástico, de reações e de captura.

Quanto ao modelo a pártons, vimos que o próton é constituído por outras partículas que são elementares, e a seção de choque nos processos de DIS é expressa como a soma das seções de choque individuais.

Por sua vez, com relação ao modelo a pártons de Feynman, utiliza-se um sistema de referência de momento infinito para que seja possível chegar aos pártons. Apresentamos, também, a técnica conhecida como *diagrama de Feynman*.

Ainda, vimos que os glúons são elementos que constituem os prótons junto com os quarks e têm uma propriedade importante denominada *cor*. Por fim, avaliamos o fenômeno conhecido como *hadronização*, que consiste na colisão de partículas em altas energias, por meio da qual vários quarks e glúons são criados.

Testes quânticos

1) Como podemos explicar o espalhamento elástico, exemplificado em um caso do dia a dia?

2) Em que consiste o espalhamento inelástico profundo?

3) Assinale V para as assertivas verdadeiras e F para as falsas.

   ( ) No modelo a pártons, o próton é considerado uma partícula elementar.

   ( ) No modelo a pártons, o fóton virtual γ^* emitido pelo elétron terá interação com os constituintes internos do próton.

   ( ) Segundo o conceito de *scaling* de Bjorken, as funções de estrutura dependem de uma única variável.

( ) A variável conhecida como *x* de Bjorken assume valores $-\infty < x < +\infty$.

Agora, assinale a alternativa que apresenta a sequência correta:

a) V, V, F, F.
b) F, F, V, V.
c) F, F, F, V.
d) V, F, F, V.
e) F, V, V, F.

4) A seção de choque total de um espalhamento geométrico de uma partícula por uma esfera rígida de raio R = 50 fm é igual a:

a) $\sigma = 7\,853{,}98 \cdot 10^{-30}\ m^2$.
b) $\sigma = 85{,}98 \cdot 10^{-28}\ m^2$.
c) $\sigma = 3\,875{,}89 \cdot 10^{-32}\ m^2$.
d) $\sigma = 9\,853{,}57 \cdot 10^{-30}\ m^2$.
e) $\sigma = 85{,}98 \cdot 10^{-32}\ m^2$.

5) Avalie as sentenças a seguir.

I) A carga de cor está relacionada à interação forte, que descreve as interações fortes entre partículas.

II) Os quarks são tratados como partículas livres e não têm relação com a constante de acoplamento da interação forte em pequenas distâncias, fato conhecido como *propriedade assintótica*.

III) A carga de cor tem relação com a constante de acoplamento e apresenta três valores diferentes: vermelho, amarelo e azul.

Está(ão) correta(s) a(s) sentença(s):

a) I, apenas.
b) II, apenas.
c) I e III.
d) I e II.
e) I, II e III.

Interações teóricas

Computações quânticas

1) Como você imagina a colisão frontal de partículas em altas energias, em que são "criados" quarks e glúons?

2) As partículas elementares que constituem o próton são os quarks e os glúons, chamados de *pártons*. Seria possível que ambos também fossem formados por outras partículas?

Relatório do experimento

1) Escolha alguém de sua família com quem você possa fazer uma pequena entrevista e pergunte à pessoa o que ela sabe sobre interações de partículas e de que modo ela consegue visualizar esse fenômeno.
Em seguida, apresente o diagrama de Feynman e explique o modelo. Anote suas observações e compare o entendimento do entrevistado antes e depois de mostrar-lhe o diagrama de Feynman.

Cromodinâmica quântica

Neste capítulo, abordaremos a teoria da cromodinâmica quântica (QCD, do inglês *quantum chromodynamics*), utilizada para descrever as interações fortes. Desde 1930, físicos teóricos e experimentais trabalharam para desenvolvê-la, até que finalmente ela foi levada a cabo no início dos anos 1970.

Tal teoria foi elaborada após a formulação da teoria de unificação eletrofraca por Glashow, Weinberg e Salam, que usaram o mesmo princípio de simetria, ou seja, o princípio de gauge (implícito na formulação da QCD), que descreve as interações eletromagnéticas no domínio quântico relativístico. Assim, a QCD é considerada a teoria moderna que explica a interação forte, sendo análoga à eletrodinâmica quântica (QED, do inglês *quantum electrodynamics*), que descreve a interação eletromagnética.

4.1 O papel dos glúons e sua relação com os quarks

A interação forte é considerada uma interação entre quarks mediada pela partícula que chamamos de *glúon*. Para entendermos melhor essa questão, podemos fazer a seguinte comparação: os glúons desempenham na QCD o mesmo papel que os fótons exercem na QED. Ou seja, os glúons, que têm massa de repouso zero, *spin* 1 e cor diferente de zero, são partículas de ligação da interação forte, ao passo que os fótons, de massa de repouso zero, *spin* 1 e eletricamente neutros, são partículas da interação eletromagnética.

Expansão da matéria

Acesse o *link* indicado a seguir para assistir a um vídeo que apresenta as interações fundamentais entre os menores componentes da matéria – os quarks e os glúons – fornecendo-nos uma ideia de como o Universo se formou.

ORIGEM da matéria: plasma de quarks e glúons. 13 ago. 2021. Disponível em: <https://www.youtube.com/watch?v=sQrMcwv8wHk>. Acesso em: 5 mar. 2023.

No processo q → q + g, o quark pode mudar de cor, mas não o sabor. Como os glúons têm cor, eles podem interagir uns com os outros por meio da interação forte. Em tal processo, as interações entre dois glúons dão origem a um octeto semelhante ao dos mésons na representação chamada de *SU(3)* da teoria dos grupos. O grupo de cor SU(3), que consiste em um grupo de simetria associado às interações fortes, tem caráter não abeliano, e essa é a maior diferença entre as teorias da QED e da QCD. O grupo de cor SU(3) corresponde a uma simetria local em que o processo de transformação em uma teoria de gauge dá origem à QCD.

Há dois tipos diferentes de simetrias SU(3): uma que atua em diferentes cores de quarks, sendo esta uma simetria de gauge exata mediada por glúons, e outra que ocorre entre diferentes sabores de quarks, transformando sabores de quarks uns nos outros. Nesse grupo, cada quark *q* pode aparecer com três cores diferentes: *red* (vermelho), *green* (verde) e *blue* (azul) – *r*, *g* e *b*. Os antiquarks ficam associados às suas anticores: $\bar{r}$, $\bar{g}$ e $\bar{b}$.

A descoberta de Gross, Wilczek e Politzer, em 1973, de que o acoplamento das partículas quark-glúon-quark se tornava cada vez menos intenso com a aproximação dos quarks, ou seja, a altas energias, motivou a formulação da QCD com a teoria de gauge (Anselmino et al., 2013). Tendo em vista que, no interior dos hádrons, o acoplamento forte é muito intenso, os quarks se comportavam como partículas livres. Assim, a altas energias, é possível desenvolver a teoria da QCD de forma perturbativa, em um processo semelhante ao da QED.

Para representar o estado de um quark, vamos considerar que um quark livre tem massa m_f, o que obedece à equação livre de Dirac. Cada sabor *f* de quark pode ser de três diferentes cores i = 1, 2, 3. Logo, é possível representar o estado de um quark da seguinte maneira:

Equação 4.1

$$\psi_f = \begin{pmatrix} \psi_f^1 \\ \psi_f^2 \\ \psi_f^3 \end{pmatrix}$$

Em que ψ_f^i é um spinor de Dirac. A densidade lagrangiana livre é dada por:

Equação 4.2

$$\mathcal{L}_0 = \sum_f \bar{\psi}_f(x)\left[i\gamma_\mu \partial_\mu - m_f\right]\psi_f(x)$$

No grupo de cor $SU(3)_c$, que é uma simetria local, as transformações de fase podem ser determinadas por:

Equação 4.3

$$\psi_f \overset{su(3)_c}{\rightarrow} \psi_f^i = \exp\left\{ig_s\alpha_a \frac{\lambda_a}{2}\right\}\psi_f(x)$$

Com a = 1, 2, 3... 8. Os termos α_a correspondem aos parâmetros do grupo, e os termos λ_a são conhecidos como *matrizes de Gell-Mann*. O termo g_s é o que caracteriza a intensidade das interações fortes entre os quarks, sendo similar ao da carga elétrica para as interações fortes.

As transformações do grupo $SU(3)_c$ são similares à do grupo abeliano U(1) para fases globais. Porém, a invariância sob transformações de fases locais exige a substituição de ∂_μ na densidade lagrangiana pela derivada covariante:

Equação 4.4

$$\partial_\mu \rightarrow \mathcal{D}_\mu = \partial_\mu + ig_s \frac{\lambda_a}{2} A_\mu^a$$

Em que é introduzido o termo A_μ^a, que representa oito novos campos de calibre, com a = (1, 2... 8), com *spin* 1 e massa nula. Desse modo, é possível chegar a uma nova densidade lagrangiana, que descreve as interações de quarks com oito glúons, sendo invariante sob transformações infinitesimais, e é definida como:

Equação 4.5

$$\mathcal{L} = \sum_f \bar{\psi}_f \left(i\gamma_\mu \mathcal{D}_\mu - m_f\right)\psi_f = \mathcal{L}_0 - g_s \sum_f \bar{\psi}_f \frac{\lambda_a}{2}\gamma_\mu A_\mu^a \psi_f$$

Para obtermos a densidade da lagrangiana completa da QCD, devemos acrescentar o termo relacionado à cinética do campo de glúons, o qual também é invariante sob as transformações de calibre. A lagrangiana completa fica:

Equação 4.6

$$\mathcal{L}_{QCD} = \mathcal{L}_{cin} + \sum_f \bar{\psi}_f \left(i\gamma_\mu \mathcal{D}_\mu - m_f\right)\psi_f$$

Em que o termo adicionado $\mathcal{L}_{cin} = -\frac{1}{4} G_{\mu\nu}^a G_{\mu\nu}^a$ representa o termo cinético do campo de glúons, e $G_{\mu\nu}^a = \partial_\mu A_\nu^a - \partial_\nu A_\mu^a - g_s f^{abc} A_\mu^b A_\nu^c$ corresponde ao tensor do campo de glúons. É bastante comum decompormos a equação 4.6 em vários termos menores, sendo que a densidade da lagrangiana completa fica dependente dos termos, que são: o termo cinético para os glúons ($L_{cin.g}$); os termos cinético e de massa para os quarks ($L_{cin.m.q}$); a interação quark-glúon ($L_{int.q/q}$); a interação entre três glúons ($L_{int.3g}$); e a interação entre quatro glúons ($L_{int.4g}$). Ou seja:

Equação 4.7

$$\mathcal{L}_{QCD} = L_{cin.g} + L_{cin.m.q} - L_{int.\frac{q}{g}} + L_{int.3g} - L_{int.4g}$$

Em que:

Equação 4.8

$$L_{cin.g} = -\frac{1}{4}\left(\partial_{\mu}A_{\nu}^{a} - \partial_{\nu}A_{\mu}^{a}\right)\left(\partial_{\mu}A_{\nu}^{a} - \partial_{\nu}A_{\mu}^{a}\right)$$

Equação 4.9

$$L_{cin.m.q} = \sum_{f}\overline{\psi}_{f}\left(i\gamma_{\mu}\partial_{\mu} - m_{f}\right)\psi_{f}$$

Equação 4.10

$$L_{int.q/g} = g_{s}A_{\mu}^{a}\sum_{f}\overline{\psi}_{f}^{i}\gamma_{\mu}\left(\frac{\lambda^{a}}{2}\right)_{ij}\psi_{f}^{j}$$

Equação 4.11

$$L_{int.3g} = \frac{g_{s}}{2}f^{abc}\left(\partial_{\mu}A_{\nu}^{a} - \partial_{\nu}A_{\mu}^{a}\right)A_{\mu}^{b}A_{\nu}^{c}$$

Equação 4.12

$$L_{int.4g} = \frac{g_{s}}{4}f^{abc}f^{ade}A_{\mu}^{b}A_{\nu}^{c}A_{\mu}^{d}A_{\nu}^{e}$$

Todos esses termos também são invariantes, e assim são estabelecidas as regras de Feynman para as interações entre quarks e glúons e entre glúons. Além disso, é possível deduzir as regras de Feynman associadas aos diagramas que representam os processos perturbativos na QCD de cada uma das partes da densidade de lagrangiana. Os gráficos e as regras de Feynman para as interações fortes são idênticos aos gráficos e às regras associados às interações eletromagnéticas. Os spinors e o propagador associados aos quarks livres na QCD são os mesmos da QED, uma vez que todo férmion livre de *spin* 1/2 obedece à equação de Dirac, conforme pode ser visto na Figura 4.1.

Figura 4.1 – Spinors e o propagador associados aos quarks livres na QCD

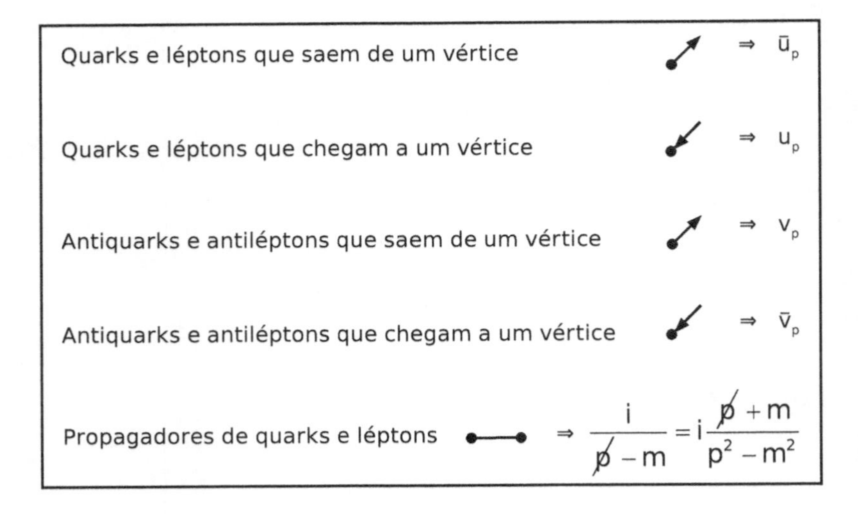

Quarks e léptons que saem de um vértice	$\Rightarrow \bar{u}_p$
Quarks e léptons que chegam a um vértice	$\Rightarrow u_p$
Antiquarks e antiléptons que saem de um vértice	$\Rightarrow v_p$
Antiquarks e antiléptons que chegam a um vértice	$\Rightarrow \bar{v}_p$
Propagadores de quarks e léptons	$\Rightarrow \frac{i}{\not{p} - m} = i\frac{\not{p} + m}{p^2 - m^2}$

Na Figura 4.2 consta a representação de vértices fundamentais da QCD. Observe a emissão de um glúon verde-antivermelho fazendo um quark *down* mudar de verde para amarelo.

Figura 4.2 – Emissão de um glúon verde-antivermelho

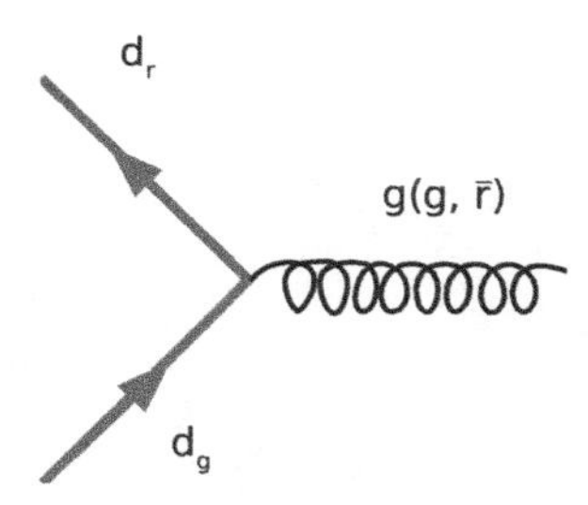

A seguir, na Figura 4.3, referente à representação de vértices fundamentais da QCD, veja a emissão de um glúon azul-antiverde por um glúon azul-antivermelho, razão pela qual este muda para verde-antivermelho.

Figura 4.3 – Emissão de um glúon verde-antiverde por um glúon azul-antivermelho

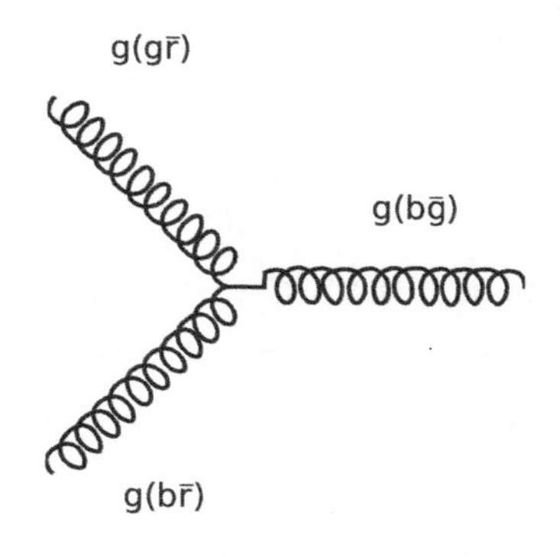

A Figura 4.4, na sequência, mostra o diagrama de Feynman de um quark emitindo um glúon, criando, em seguida, dois glúons, os quais se combinam formando um único glúon, que é absorvido por outro quark.

Figura 4.4 – Diagrama de Feynman de um quark emitindo um glúon

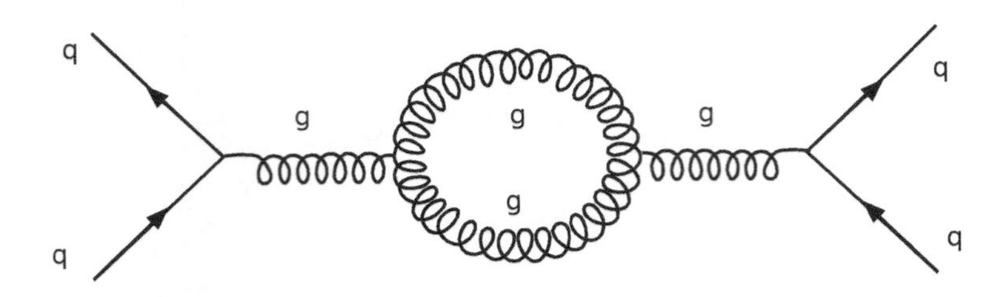

Podemos dizer que o fato de haver uma interação do tipo glúon-glúon implica que os efeitos são iguais à polarização do vácuo na QED e que existem malhas formadas por glúons. Estas diminuem o valor da constante de acoplamento da interação forte para distâncias menores que, 10^{-18} m, ou seja, extremamente pequenas. Isso significa que, quando dois quarks se aproximam muito, a atração diminui – trata-se da liberdade assintótica, fenômeno de que já tratamos.

Desse modo, no interior de um núcleon – núcleo atômico composto por um próton e um nêutron –, os quarks conseguem se mover quase como partículas livres. Esse evento pode ser observado em experimentos de espalhamento profundo de elétrons.

O potencial da interação forte pode ser aproximado pela seguinte equação:

Equação 4.13

$$V_{QCD}(r) = -\frac{4\alpha_s}{3r} + kr$$

Em que *k* representa uma constante ajustável e α_s consiste na constante de acoplamento da interação forte. Pela equação 4.13, percebemos que o potencial aumenta à medida que o valor de *r* também aumenta. Diferentemente da força elétrica e da força gravitacional, a força associada à interação forte tende para um valor constante diferente de zero para grandes valores de *r*. Assim, os quarks não podem afastar-se muito uns dos outros, fenômeno denominado *confinamento dos quarks*.

Se uma grande quantidade de energia é fornecida a um sistema de quarks, ocorre a criação de um par quark--antiquark, e os quarks originais permanecem confinados ao sistema inicial. Nessa perspectiva, têm origem os píons virtuais, que aparecem no modelo de Yukawa como mediadores da força nuclear.

Na Figura 4.5, a seguir, há um caso de confinamento dos quarks. Perceba que, ao tentar remover um quark *d* de um nêutron fornecendo certa quantidade de energia à partícula, um par (ū, u) é gerado. Um dos quarks *d* se combina ao ū e ambos formam um méson π^-, enquanto o quark *d*, o quark *u* original e *u* se combinam formando um próton. Nesse sistema, nenhum quark livre é criado.

Figura 4.5 – Confinamento de quarks

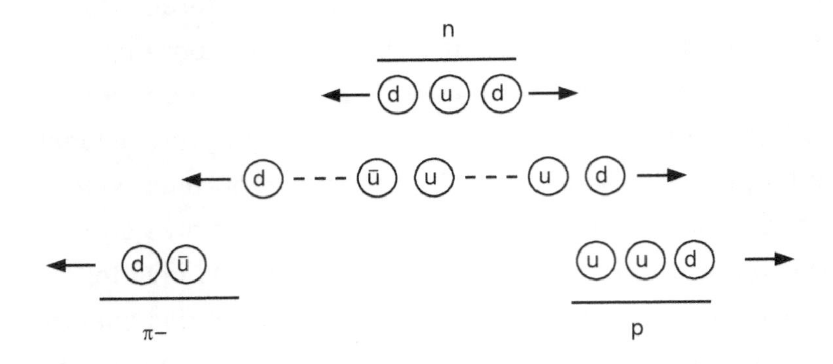

No Quadro 4.1, observe composições de quarks de alguns tipos de bárions e mésons.

Quadro 4.1 – Composições de quarks

Bárions	Quarks	Mésons	Quarks
p	uud	π^+	ud
n	udd	π^-	$\bar{u}d$
Λ^0	uds	K^+	$u\bar{s}$
Δ^{++}	uuu	K^0	$a\bar{s}$
Σ^+	uus	K^0	sd
$\Sigma 0$	uds	$\bar{K}$	$s\bar{u}$
Σ^-	dds	J/ψ	$c\bar{c}$
Ω^-	sss	D^+_s	$c\bar{s}$

Exemplo prático I

Determine o gráfico do potencial a que estão submetidos os quarks, de acordo com a QCD, em função de *r*, em que a constante de acoplamento da interação forte é 0,3 e k = 1 GeV/fm.

Solução

A função do potencial é dada pela equação 4.1:

$$V_{QCD}(r) = -\frac{4\alpha_s}{3r} + kr$$

Substituindo os valores de α_s e k, temos:

$$V_{QCD}(r) = -\frac{4 \cdot 0,3}{3r} + 1 \cdot r = -\frac{0,4}{r} + r$$

Como os valores para *r* são muito pequenos, atribuindo valores para *r* na escala fm, obtemos o gráfico a seguir.

Gráfico 4.1 – Potencial V em função de *r*

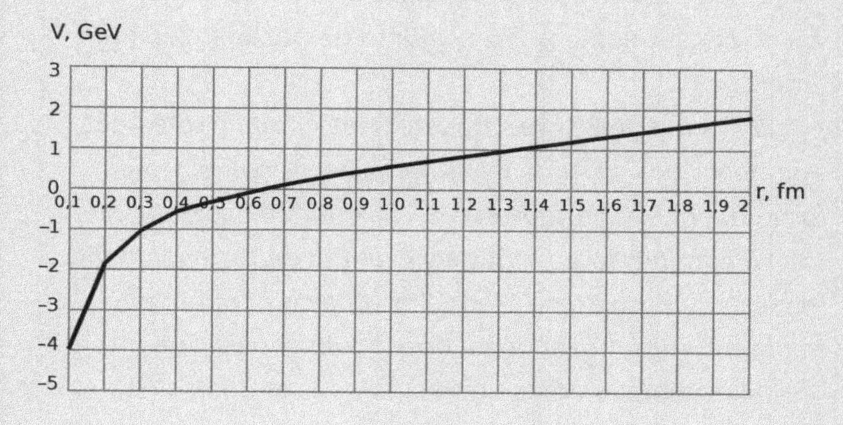

Pelo gráfico construído, percebemos que, à medida que o valor de *r* aumenta, o potencial também aumenta consideravelmente, diferentemente do que ocorre com os conceitos de força elétrica e força magnética.

4.2 Violação do *scaling* de Bjorken

Quando tratamos das interações fortes entre quarks e glúons, precisamos fazer algumas correções ao modelo a pártons original, as quais nos levam à violação do *scaling* de Bjorken e à modificação das distribuições partônicas.

Como já abordamos, as funções de estrutura F1 e F2 estão relacionadas às distribuições de quarks e glúons no interior do núcleon e à seção de choque do espalhamento lépton-párton, dependendo apenas da variável *x* de Bjorken no modelo a pártons original de Feynman. Isso acontece porque o núcleon é considerado como constituído por um conjunto de pártons que não interagem.

O *scaling* de Bjorken despreza as componentes dos *momenta* dos pártons transversais ao movimento do próton. Porém, na teoria da QCD, quando ocorre a interação com um fóton, um quark, antes de ser espalhado, pode emitir um glúon e adquirir uma componente de *momentum* transversal na direção de seu movimento inicial. Assim, como os quarks no interior do núcleon não são inteiramente livres, incluímos as interações fortes entre os quarks, corrigindo as funções de estrutura e as distribuições dos quarks e dos glúons no interior dos núcleons e estendendo o modelo a pártons.

Também já comentamos que o próton não pode ser completamente descrito por métodos perturbativos. Por conta disso, no modelo a pártons, aplicamos a propriedade da fatorização, na qual consideramos que a seção de choque diferencial em um espalhamento lépton-próton é dada pelo produto das funções de distribuição partônicas e por q(x), com a seção de choque do processo elementar lépton-quark. As funções de estrutura do próton obedecem ao *scaling* de Bjorken, dependendo apenas de x.

A violação do *scaling* de Bjorken vem sendo estudada de forma experimental. Na Figura 4.6, temos o valor de F em função de Q2. Para valores definidos de x, encontram-se valores de F. Assim, nota-se que a curva de F cresce para $x < 0,25$ e decresce para $x > 0,25$ (Anselmino et al., 2013).

Figura 4.6 – Resultados da colaboração com o CDHS (CERN-Dortmund-Heidelberg-Saclay, 1982)

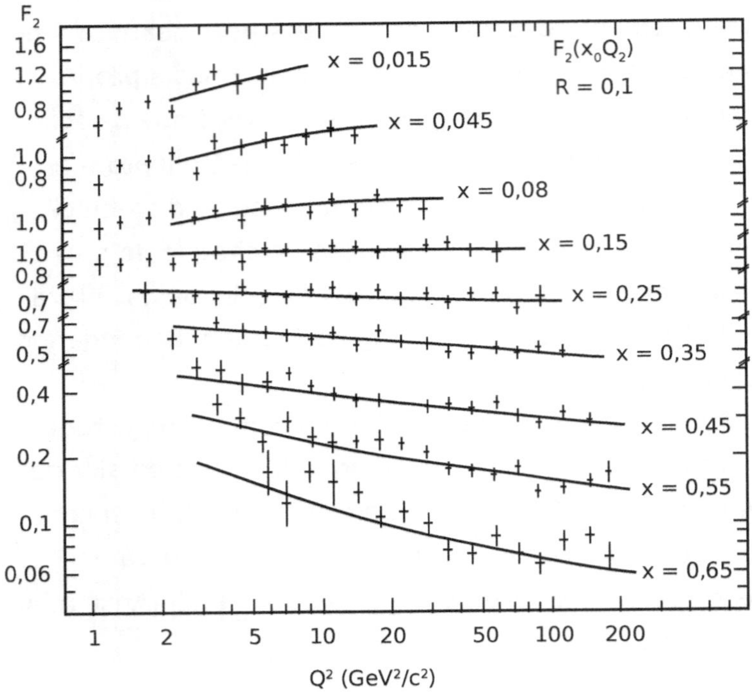

Fonte: Anselmino et al., 2013, p. 191.

Portanto, podemos observar a violação do *scaling* de Bjorken, em que as linhas resultam de ajustes de QCD em *leading order*. Perceba que o termo $F_2(x, Q^2)$ aumenta para pequenos valores de *x* e diminui para grandes valores de *x*.

4.3 Equações DGLAP

No Capítulo 3, apresentamos a ideia das equações de Dokshitzer-Gribov-Lipatov-Altarelli-Parisi (DGLAP) de modo mais direto, apenas para que você pudesse compreender a interação entre quarks, intermediada pela troca de glúons. Agora, vamos nos aprofundar no entendimento dessas equações, com um maior embasamento teórico do fenômeno. Para tanto, consideraremos o modelo a pártons interpretado por G. Altarelli e G. Parisi (Anselmino et al., 2013), no qual podemos incluir a violação do *scaling* modificando as distribuições partônicas, dadas por:

Equação 4.14

$$q(x) \to q(x, Q^2) = q(x) + \Delta q(x, Q^2)$$

Em que o termo $\Delta q(x, Q^2)$ representa a emissão de glúons. Quando levamos em conta o processo de emissão de glúons, estamos, na realidade, acrescentando ao cálculo da seção de choque $\sigma_d^{ep \to eX}$ o processo elementar $\gamma q \to q$ e o processo $\gamma q \to qg$.

No processo $\gamma q \to q$, a função de distribuição do quark envolvido é expressa como:

Equação 4.15

$$q(x) = \int_x^1 dy q(y) \delta(x - y) = \int_x^1 \frac{dy}{y} q(y) \delta\left(1 - \frac{x}{y}\right)$$

Em que o termo $\delta(x - y)$ diz respeito à densidade de probabilidade de um quark com quadrimomentum *yp* se tornar um quark com quadrimomentum *xp*, a qual só não é nula para $z = \frac{x}{y} \neq 1$.

No processo $\gamma q \to qg$, em que o quark *q*, ao interagir com o fóton γ, emite um glúon *g*, temos $z = \frac{x}{y} \neq 1$ e atribuímos a modificação da seção de choque a uma alteração da densidade de probabilidade de o quark com quadrimomentum *yp* se tornar um quark com quadrimomentum *xp*, na forma $\delta\left(1 - \frac{x}{y}\right) \to \delta\left(1 - \frac{x}{y}\right) + f\left(\frac{x}{y}, Q^2\right)$, o que implica:

Equação 4.16

$$q(x) \to q(x, Q^2) = q(x) + \int_x^1 \frac{dy}{y} q(y) f\left(\frac{x}{y}, Q^2\right)$$

Nessa equação, o termo dado pela integral representa $\Delta q(x, Q^2)$, ou seja, $\int_x^1 \frac{dy}{y} q(y) f\left(\frac{x}{y}, Q^2\right) = \Delta q(x, Q^2)$, que corresponde ao termo de correção à distribuição partônica.

Para altos valores de Q^2, em relação a altas energias, associamos uma massa μ ao glúon por $t = -\mu^2$. Trata-se de um modo de regularizar a divergência colinear. Assim, o termo de correção à distribuição partônica é escrito da seguinte forma:

Equação 4.17

$$\Delta q(x,Q^2) = \frac{\alpha_s \cdot t}{2\pi} \int_x^1 \frac{dy}{y} q(y) P_{qq}\left(\frac{x}{y}\right)$$

Em que $t = \ln\left(\frac{Q^2}{\mu^2}\right)$. A função $P_{qq}(z) = \frac{4}{3} \cdot \frac{1+z^2}{1-z}$, com $z \neq 1$, está relacionada à densidade de probabilidade de um quark *q* com quadrimomentum *yp* se tornar um quark *q* com quadrimomentum *xp*. Em outras palavras, temos a fração $z = \frac{x}{y}$ de seu quadrimomentum inicial dada pela emissão de um glúon *g*.

Quando multiplicamos a seção de choque do processo $\gamma q \to qg$ por q(y) e integramos em *y* e *t*, a contribuição para a função de estrutura $F_2(x,Q^2)$ é proporcional a $\sum_q e_q{}^2 \left[q(x) + \Delta q(x,Q^2)\right]$.

Assim, a função de estrutura F_2 assume a forma a seguir:

Equação 4.18

$$\frac{F_2(x,t)}{x} = \frac{1}{2} \sum_q e_q{}^2 \left[q(x) + \frac{\alpha_s \cdot t}{2\pi} \int_x^1 \frac{dy}{y} q(y) P_{qq}\left(\frac{x}{y}\right)\right]$$

No processo elementar fóton-párton $\gamma g \to q\bar{q}$ que contribui para a seção de choque total do espalhamento elétron-próton, o fator Q^2 é o módulo do quadrado do quadrimomentum do fóton e também apresenta o fator $t = \ln\left(\frac{Q^2}{\mu^2}\right)$, que se deve à propagação do quark interno próximo à sua camada de massa (Figura 4.7).

Figura 4.7 – Processo elementar fóton-párton $\gamma g \rightarrow q\bar{q}$

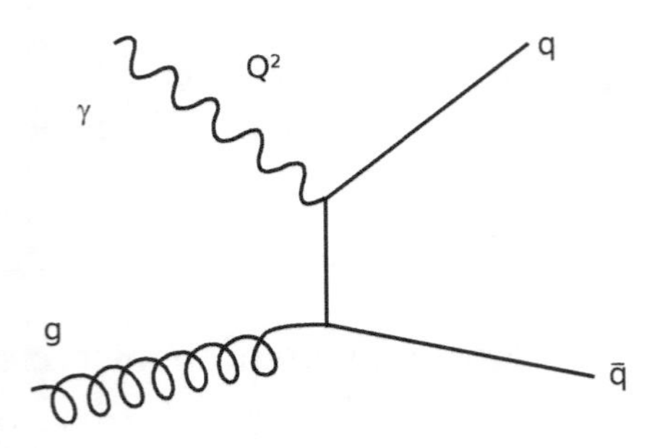

Nesse processo, a função de estrutura F_2 assume esta forma:

Equações 4.19

$$\frac{F_2(x,t)}{x} =$$
$$\frac{1}{2}\sum_q e_q^{\,2}\int_x^1 \frac{dy}{y}\left\{q(y)\left[\delta\left(\frac{x}{y}-1\right)+\frac{\alpha_s \cdot t}{2\pi}P_{qq}\left(\frac{x}{y}\right)\right]+g(y)\frac{\alpha_s \cdot t}{2\pi}P_{qg}\left(\frac{x}{y}\right)\right\}$$

Em que a função $P_{qg}(z)=\frac{1}{2}\left[z^2+(1-z)^2\right]$ se refere à probabilidade de o glúon *g* com quadrimomentum *yp* criar um quark *q* com quadrimomentum *xp*. Desse modo, as funções de distribuição dos quarks e dos glúons ficam acopladas, da seguinte forma:

Equação 4.20

$$q(x,t)=q(x)+\frac{\alpha_s.t}{2\pi}\int_x^1\frac{dy}{y}\left[q(y)P_{qq}\left(\frac{x}{y}\right)+g(y)P_{qg}\left(\frac{x}{y}\right)\right]$$

Derivando em relação a *t*, temos:

Equação 4.21

$$\frac{dq(x,t)}{dt} = \frac{\alpha_s}{2\pi}\int_x^1 \left[q(x,t)P_{qq}\left(\frac{x}{y}\right) + g(x,t)P_{qg}\left(\frac{x}{y}\right)\right]\frac{dy}{y}$$

A equação para a evolução da distribuição de glúons é dada por:

Equação 4.22

$$\frac{dg(x,t)}{dt} = \frac{\alpha_s}{2\pi}\int_x^1 \left[\sum_j q_j(x,t)P_{gq}\left(\frac{x}{y}\right) + g(x,t)P_{gg}\left(\frac{x}{y}\right)\right]\frac{dy}{y}$$

Em que o índice *j* diz respeito a todos os sabores de quarks e antiquarks, ou seja, $j = 1, 2, ..., 2n_f$.

A equação 4.21 é conhecida como *equação de evolução de Altarelli-Parisi*. As equações 4.21 e 4.22 são as equações DGLAP e, apesar de a teoria da QCD não determinar, em princípio, as distribuições partônicas – já que são experimentalmente determinadas como funções de *x* para um valor fixo $t = t_0$ –, para outros valores de *t*, seus valores são obtidos por meio das equações DGLAP. Elas mostram a influência das correções da QCD perturbativa nas funções de distribuição, descrevendo a evolução do fator Q^2 e das funções de distribuição dos pártons, além de fornecerem uma medida da violação do *scaling* de Bjorken sobre a função F_2.

Para cada processo elementar, associamos diferentes funções $P(z)$, como representado na Figura 4.8.

Figura 4.8 – Funções P(z) para processos elementares

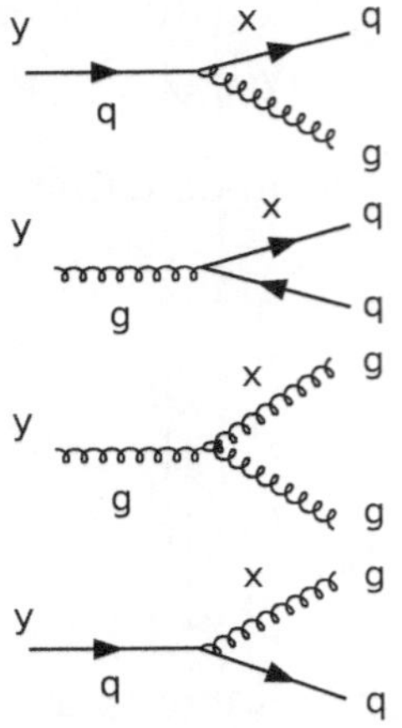

$$\rightarrow P_{qq}(z) = \frac{4}{3}\frac{1+z^2}{1-z}$$

$$\rightarrow P_{qg}(z) = \frac{1}{2}\left[z^2 + (1-z^2)\right]$$

$$\rightarrow P_{gg}(z) = 6\left[\frac{1-z}{z} + \frac{z}{1-z} + z(1-z)\right]$$

$$\rightarrow P_{gq}(z) = \frac{4}{3}\frac{1+(1-z)^2}{z}$$

As funções P(z) são chamadas de *funções de splitting* quando associadas à probabilidade de que um párton com quadrimomentum *yp* se torne outro párton com quadrimomentum *xp*, ou pela emissão de um glúon ou pela criação de um par *qq*.

4.4 Processo Drell-Yan

Além de poderem ser determinadas pelos espalhamentos inelásticos de elétrons e de neutrinos por prótons, as funções de estrutura e as distribuições partônicas podem ser determinadas pelo processo de produção inclusiva de pares de léptons. Por exemplo, por meio de colisões hadrônicas, é possível criar múons.

Composição da matéria

Em geral, nas colisões entre prótons, vários estados finais podem ser detectados e analisados, sendo um deles o processo Drell-Yan, por meio do qual ocorre a colisão de um párton de um dos prótons com um párton do outro próton, criando um bóson virtual, que pode ser o Z ou o fóton que decai em um par de léptons, que podemos chamar de *dilépton*.

Com base no modelo a pártons, esse processo $p + p \to \mu^+\mu^- + X$ foi proposto por S. D. Drell e T. M. Yan em 1970 (Figura 4.9).

Figura 4.9 – Processo Drell-Yan: $p + p \to \mu^+\mu^- + X$

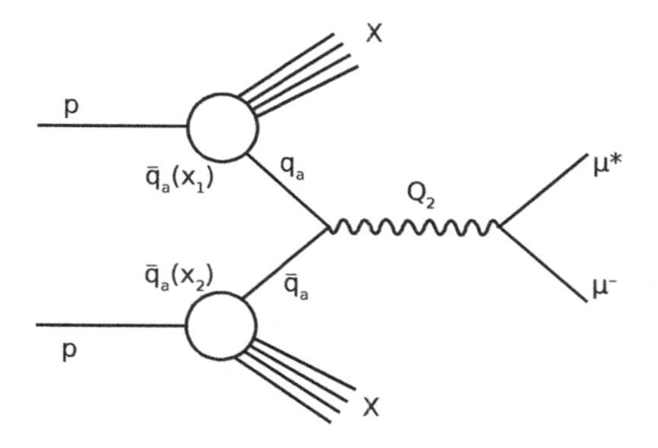

Nesse processo, X representa todas as outras partículas do estado final do processo, e a seção de choque é dada por:

Equação 4.23

$$\sigma^{pp\rightarrow\mu^+\mu^-X} = \frac{1}{3}\sum_a \sigma_\circ \int dx_1 dx_2 \left[q_a(x_1)\bar{q}_a(x_2) + \bar{q}_a(x_1)q_a(x_2)\right]$$

Em que o termo $\sigma_\circ = \frac{4\pi\alpha^2}{3Q^2} e_a^{\,2}$ diz respeito à seção de choque do processo elementar $q_a\bar{q}_a \rightarrow \mu^+\mu^-$. As correções devidas à QCD envolvem termos do tipo $t = \ln\left(\frac{Q^2}{\mu^2}\right)$ e são efetuadas pela absorção dos termos singulares. O procedimento se baseia no fato de que o processo duro pode ser determinado pela QCD perturbativa, e o conjunto de funções de estrutura pode ser usado em todos os processos de interações fortes em altas energias. Dessa maneira, substituindo a função de estrutura F_2, dada pela equação 4.18, na definição das distribuições partônicas, temos:

Equação 4.24

$$\sigma^{pp\rightarrow\mu^+\mu^-X} = \frac{1}{3}\sum_a \sigma_\circ \int dx_1 dx_2 \left[q_a\left(x_1,t\right)\bar{q}_a\left(x_2,t\right) + \bar{q}_a\left(x_1,t\right)q_a\left(x_2,t\right)\right]$$

Em que existe apenas a aniquilação de pártons e as distribuições dependem da escala de fatorização, pois sua contribuição passa a ser da ordem seguinte à dominante, em que um glúon é adicionado na análise. Então, faz-se necessário recorrer à QCD. Além disso, por meio dos diagramas do processo Drell-Yan, pode-se observar a possibilidade de produzir hádrons fazendo o processo inverso, ou seja, a partir de colisões de léptons.

A primeira evidência registrada em experimentos em anéis colisores e^-e^+, como na produção de dois jatos oriundos de quarks, no Stanford Positron Electron Accelerating Ring (SPEAR), do Stanford Linear Accelerator Center (SLAC), foi obtida em 1975 (Anselmino et al., 2013).

4.5 Hadronização em colisões e fragmentação em colisões hadrônicas

O fenômeno denominado *hadronização* corresponde à colisão de partículas em altas energias por meio da qual vários quarks e glúons são criados, dando origem aos hádrons. Para isso, são utilizados colisores, nos quais inúmeras partículas são geradas pela colisão entre dois feixes de hádrons. Nesse regime de altas energias, os hádrons são tratados como partículas pontuais, chamadas de *pártons*.

Expansão da matéria

Para saber o que acontece com a matéria quando sujeita a condições extremas, é necessário utilizar aceleradores de partículas, as quais fazem com que as partículas acelerem e se choquem. No *site* indicado, você entrará em contato com um estudo dos aspectos experimentais, teóricos e fenomenológicos relativos às interações hadrônicas em altas energias.

IFGW – Instituto de Física Gleb Wataghin. **Grupo de Física Hadrônica**. Disponível em: <https://portal.ifi.unicamp.br/a-instituicao/departamentos/drcc-departamento-de-raios-cosmicos-e-cronologia/grupo-de-fisica-hadronica-gfh>. Acesso em: 5 mar. 2023.

Os colisores de partículas podem ser lineares, em que as partículas percorrem um caminho em linha reta, ou circulares, em que as partículas percorrem um caminho circular.

O maior e, talvez, mais conhecido colisor é o Large Hadron Collider (LHC), ou Grande Colisor de Hádrons, que tem uma estrutura circular de 27 km de circunferência e, aproximadamente, 175 m de profundidade, localizado na fronteira entre a França e a Suíça. Nesse colisor, as partículas são aceleradas em sentidos opostos até o momento da colisão. A maior energia já registrada foi de aproximadamente 13 TeV (Anselmino et al., 2013).

Em experimentos realizados em anéis colisores e^-e^+, em 1975, verificou-se a primeira evidência de dois jatos oriundos de quarks, no SPEAR do SLAC. Em 1979, também se constatou a produção de jatos oriundos de glúons, no Positron-Electron-Tandem-Ring-Anlage (PETRA), do Deutsches Elektronen-Synchrotron (DESY). Em 1974, no SPEAR, um quark *charm* foi observado a partir de uma ressonância hadrônica (Anselmino et al., 2013). Todos esses casos são previstos pelo diagrama do processo Drell-Yan, que sugere ser possível a produção de hádrons pelo processo inverso, isto é, por colisões de léptons.

Uma característica dos aceleradores hadrônicos se refere ao alcance de uma grande quantidade de energia de colisão com relação ao centro de massa, mesmo que ocorra uma divisão dessa energia entre os elementos que constituem os partônicos dos hádrons nos estados iniciais e finais.

A hadronização em colisões e^-e^+ em processo de primeira ordem tem como resultado o processo elementar eletromagnético de aniquilação e a produção de par, o que acontece mediante o processo básico $e^-e^+ \rightarrow \gamma, Z \rightarrow q\bar{q}$, em que o par final $q\bar{q}$ se hadroniza pelas interações fortes, como representado na Figura 4.10.

Figura 4.10 – Colisões e^-e^+ em processo de primeira ordem

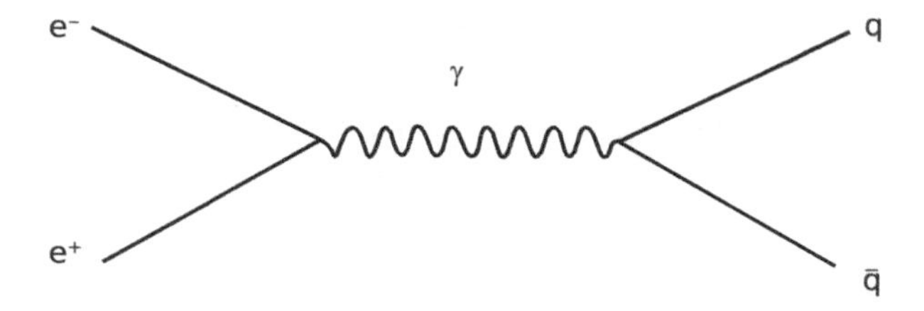

Para altas energias, assumindo que a constante de acoplamento da interação forte α_s é suficientemente pequena, recorremos às técnicas perturbativas para descrever subprocessos $e^-e^+ \rightarrow q\bar{q}, q\bar{q}g, q\bar{q}gg$ etc. Porém, a maneira pela qual os quarks e os glúons se hadronizam ainda não é totalmente compreendida. Mas é possível fazer predições a respeito da produção inclusiva total de hádrons determinando as seções de choque de vários subprocessos, conforme indicado na equação a seguir:

Equação 4.25

$$\sigma\left(e^-e^+ \to \text{hádrons}\right) = \sigma\left(e^-e^+ \to q\bar{q} + q\bar{q}g + q\bar{q}gg + \ldots\right)$$

De acordo com a espectroscopia hadrônica, que trata dos decaimentos eletromagnéticos e fortes de hádrons, bem como dos números quânticos e das massas, além de testar as predições da QCD, a razão entre a seções de choque de produção hadrônica e de múons pode ser dada por:

Equação 4.26

$$R_{e^-e^+} = \frac{\sigma\left(e^-e^+ \to \text{hádrons}\right)}{\sigma\left(e^-e^+ \to \mu^+\mu^-\right)} = 3\sum_q e_q^{\,2}$$

A razão $R_{e^-e^+}$ também pode ser expressa por uma expansão da constante de acoplamento da interação forte α_s:

Equação 4.27

$$R_{e^-e^+} = \frac{\sigma\left(e^-e^+ \to \text{hádrons}\right)}{\sigma\left(e^-e^+ \to \mu^+\mu^-\right)} = 3\sum_q e_q^{\,2}\left(1 + a\alpha_s + b\alpha_s^{\,2} + c\alpha_s^{\,3}\right)$$

A produção hadrônica, quando está muito abaixo do pico de Z, é dominada pela contribuição da troca de fótons γ. Assim, as seções de choques de todos os subprocessos $e^-e^+ \rightarrow \gamma \rightarrow q\bar{q}, q\bar{q}g, q\bar{q}gg \ldots$ podem ser estabelecidas em uma dada ordem de α_s.

Com base no teorema óptico, a seção de choque total é obtida pela parte imaginária da amplitude frontal (chamada de *forward*) dos subprocessos $e^-e^+ \rightarrow \gamma \rightarrow q\bar{q}, q\bar{q}g, q\bar{q}gg \ldots$, os quais resultam de diagramas de Feynman nos quais todas as partículas localizadas no interior da bolha estão na camada de massa (Figura 4.11).

Figura 4.11 – Subprocessos $e^-e^+ \rightarrow \gamma \rightarrow q\bar{q}, q\bar{q}g \ldots$ para o cálculo da seção de choque total

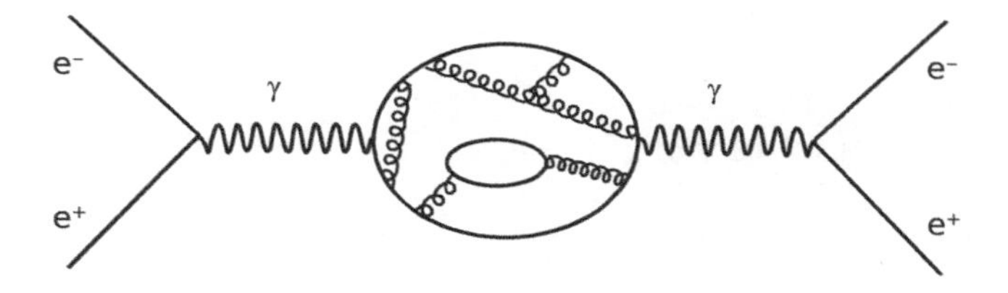

Para esse processo, o cálculo foi feito para cinco sabores de quarks e ordem de α_s^3, cuja razão tem o seguinte resultado:

Equação 4.28

$$R_{e^-e^+} = 3\sum_q e_q^2 \left(1 + \frac{\alpha_s}{\pi} + 1{,}409\left(\frac{\alpha_s}{\pi}\right)^2 - 12{,}805\left(\frac{\alpha_s}{\pi}\right)^3\right)$$

A razão $R_{e^-e^+}$ pode ser interpretada como um percentual, ou seja, como a porcentagem do espalhamento $\sigma(e^-e^+ \rightarrow \text{hádrons})$ sobre o espalhamento $\sigma\left(e^-e^+ \rightarrow \mu^+\mu^-\right)$.

Exemplo prático II

Considere que, no espalhamento $\sigma(e^-e^+ \rightarrow \text{hádrons})$, a seção de choque é 2,5 mb. Se a razão entre as seções de choque de produção hadrônica e de múons é igual a 0,2, qual será o valor da seção de choque de múons?

Solução

A razão entre as seções de choque de produção hadrônica e de múons é dada por:

$$R_{e^-e^+} = \frac{\sigma\left(e^-e^+ \rightarrow \text{hádrons}\right)}{\sigma\left(e^-e^+ \rightarrow \mu^+\mu^-\right)}$$

Substituindo, temos:

$$0{,}2 = \frac{2{,}5\,\text{mb}}{\sigma\left(e^-e^+ \rightarrow \mu^+\mu^-\right)}$$

$$\sigma\left(e^-e^+ \rightarrow \mu^+\mu^-\right) = \frac{2{,}5\,\text{mb}}{0{,}2}$$

$$\sigma\left(e^-e^+ \rightarrow \mu^+\mu^-\right) = 12{,}5\,\text{mb}$$

Qualitativamente, quarks e glúons são criados pela corrente $q\bar{q}$ quando a distância é muito curta, ou seja, $d \sim \frac{1}{\sqrt{s}}$, sendo esse um processo perturbativo. Os glúons adicionais, com energias menores, continuam sendo irradiados. Por sua vez, quando a distância é grande, na escala do parâmetro ΛQCD, $d \sim \frac{1}{\Lambda QCD}$, a interação acaba se tornando forte e o processo de hadronização acontece.

Tal processo tem um estágio perturbativo e outro não perturbativo, que guarda a memória do primeiro – também chamado de *fragmentação dos quarks*. Ao tratarmos da fragmentação de quarks ou glúons, não estamos fragmentando uma partícula elementar, mas avaliando o processo por meio de uma análise que parte do espalhamento $e^-e^+ \rightarrow CX$ e é dada pela observação de um único hádron C com grande *momentum* transverso p_T.

Esse processo pode ser descrito por uma função de distribuição da fração de quadrimomentum que o hádron C carrega do párton fragmentado. A seção de choque é dada por:

Equação 4.29

$$\sigma_d^{e^-e^+ \rightarrow CX} = \frac{4\pi\alpha^2}{3s} 3\sum_a e_a^{\ 2} \int_0^1 dz D_c^{\ C}(z, Q^2)$$

Em que o termo $D_c^{\ C}(z, Q^2)$ é denominado *função de fragmentação* e descreve a fragmentação do párton *c* no hádron C, cujo quadrimomentum é dado por $p_C = zp_c$.

Em 1983, C. Peterson e outros parametrizaram a função de fragmentação para a produção de mésons compostos por quarks pesados para explicar a violação do *scaling* de Bjorken em experimentos de colisão (Anselmino et al., 2013). Tal função é dada por:

Equação 4.30

$$f(z) = \frac{1}{z}\left[1 - \frac{1}{z} - \frac{\varepsilon_q}{1-z}\right]^{-2}$$

Exemplo prático III

Faça um esboço da função de Peterson considerando os valores para os termos:

a) $\varepsilon_q = 0,5$

b) $\varepsilon_q = 0,4$

c) $\varepsilon_q = 0,6$

Solução

Substituindo na função de Peterson os valores de $z > 0$ e $z < 1$, temos três curvas, uma para cada valor de ε_q (Gráfico 4.2).

Gráfico 4.2 – Função de Peterson para valores de Z entre 0 e 1

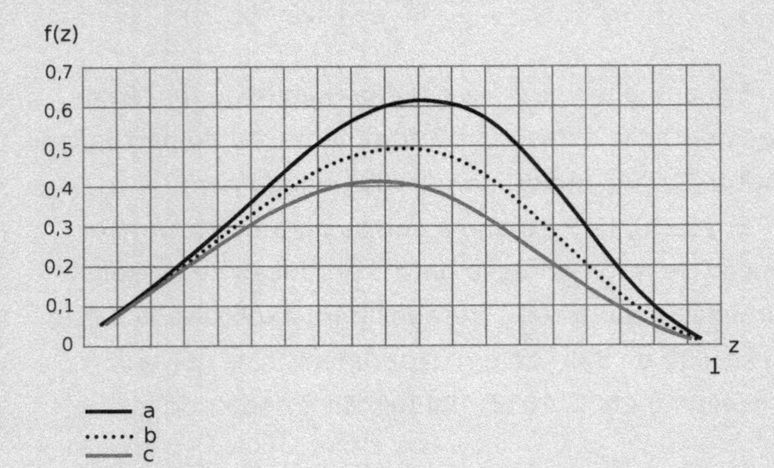

Com relação à colisão entre dois prótons $pp \to CX$, X representa todas as outras partículas do estado final do processo, e os quadrimomentum dos prótons são $p_a = x_1 p_1$, $p_b = x_2 p_2$. A seção de choque associada à observação de um único hádron C, com grande *momentum* transverso p_T, é dada por:

Equação 4.31

$$\sigma_d^{pp \to CX} = \sum_{a,b,c,d} \int dx_1 dx_2 dz q_a(x_1, Q^2) q_b(x_2, Q^2) \sigma_d^{ab \to cd} D_c^C(z, Q^2)$$

Em que o termo $D_c^C(z, Q^2)$ é chamado de *função de fragmentação do párton c no hádron C*, cujo quadrimomentum é dado por $p_C = zp_c$. A seção de choque $\sigma_d^{ab \to cd}$ do processo elementar $ab \to cd$ é definida da seguinte forma:

Equação 4.32

$$\sigma_d^{ab \to cd} = \frac{d\hat{\sigma}}{d\hat{t}} \delta\left(\hat{s} + \hat{t} + \hat{u}\right) d\hat{t} d\hat{u}$$

Em que $\hat{s}$, $\hat{t}$ e $\hat{u}$ são variáveis de Mandelstam, dadas por:

Equação 4.33

$$\begin{cases} \hat{s} = \left(p_a + p_b\right)^2 \approx x_1 x_2 s \\ \hat{t} = \left(p_a - p_c\right)^2 \approx \dfrac{x_a}{z} t \\ \hat{u} = \left(p_b + p_c\right)^2 \approx \dfrac{x_b}{z} t \end{cases}$$

Radiação residual

Neste capítulo, abordamos a relação entre os quarks e os glúons em conjunto com o potencial da interação forte, que explica o motivo pelo qual os quarks não podem afastar-se muito uns dos outros. Além disso, discutimos a violação do *scaling* de Bjorken em relação às interações fortes entre quarks e glúons.

Em seguida, tratamos das equações DGLAP. Apresentamos o modelo a pártons interpretado por Altarelli e Parisi, no qual é possível incluir a violação do *scaling*, avaliando o processo $\gamma q \rightarrow q$ e o processo elementar fóton-párton $\gamma g \rightarrow q\bar{q}$.

Na sequência, enfocamos o processo Drell-Yan, que consiste em uma análise acerca da colisão entre um párton de um dos prótons e um párton de outro próton, por exemplo.

Por fim, analisamos o fenômeno da hadronização em colisões. A colisão de partículas em altas energias dá origem a vários quarks e glúons. Os processos avaliados foram a hadronização em colisões $e^-e^+ \rightarrow \gamma, Z \rightarrow q\bar{q}$ e a fragmentação de quarks ou glúons pelo espalhamento $e^-e^+ \rightarrow CX$.

Testes quânticos

1) Explique por que os quarks não podem afastar-se muito uns dos outros (fenômeno chamado de *confinamento dos quarks*)?

2) Por que acontece a violação do *scaling* de Bjorken nas correções ao modelo de pártons original quando se trata de interações fortes entre quarks e glúons?

3) Nas assertivas a seguir, assinale V para as verdadeiras e F para as falsas.

( ) No processo de emissão de glúons, acrescenta-se o processo elementar $\gamma q \rightarrow q$ e o processo $\gamma q \rightarrow qg$.

( ) No processo elementar fóton-párton $\gamma g \rightarrow q\bar{q}$, o fator Q^2 é o módulo do quadrado do quadrimomentum do fóton.

( ) O processo Drell-Yan analisa apenas a colisão entre um próton e um elétron, criando um fóton virtual.

( ) No processo Drell-Yan $p + p \rightarrow \mu^+\mu^- + X$, X representa o fóton virtual criado na colisão entre o próton e o elétron.

Agora, assinale a alternativa que apresenta a sequência correta:

a) V, V, F, F.

b) F, F, V, V.

c) V, F, F, V.

d) F, V, V, F.

e) V, V, V, F.

4) O potencial da interação forte a que estão submetidos os quarks é $V_{QCD}(r) = 2GeV$. Determine a constante de acoplamento da interação forte considerando que k = 0,3 GeV/fm e r = 0,9 fm:

a) $\alpha_s = 2,5$ GeV.fm.
b) $\alpha_s = -3,48$ GeV.fm.
c) $\alpha_s = -1,16$ GeV.fm.
d) $\alpha_s = -5,2$ GeV.fm.
e) $\alpha_s = 7,5$ GeV.fm.

5) Avalie as sentenças a seguir.

I) Na emissão de um glúon verde-antivermelho, um quark *down* muda de verde para amarelo.

II) A emissão de um glúon vermelho-antiverde por um glúon azul-antivermelho faz o glúon azul-antivermelho mudar para verde-azul. Por sua vez, a emissão de um glúon azul-antiverde por um glúon azul-antivermelho faz o glúon azul-antivermelho mudar para azul-antivermelho.

III) A emissão de um glúon azul-antiverde por um glúon azul-antivermelho faz o glúon azul-antivermelho mudar para verde-antivermelho.

Está(ão) correta(s) a(s) sentença(s):

a) I, apenas.
b) II, apenas.
c) III, apenas.
d) I e II.
e) I, II e III.

Interações teóricas

Computações quânticas

1) O potencial da interação forte aumenta à medida em que também aumenta a medida do valor de *r*, diferentemente do que ocorre com a força elétrica e a força gravitacional. Mas e se o potencial diminuísse à medida que o valor de *r* aumenta? Reflita sobre essa situação.

2) Nos aceleradores hadrônicos, a energia de colisão é dividida entre os elementos que constituem os partônicos dos hádrons nos estados iniciais e finais. Seria possível que tal energia não se espalhasse entre os partônicos dos hádrons nesses estados?

Relatório do experimento

1) Elabore um plano de aula sobre aceleradores hadrônicos e colisão de partículas em altas energias, para ser aplicado em turmas de alunos do ensino fundamental (crianças entre 11 e 14 anos).

Teoria eletrofraca

Neste capítulo, trataremos dos conceitos relativos à teoria eletrofraca, que consiste em uma unificação das teorias da interação eletromagnética e da interação fraca, ambas tidas como manifestações diferentes de uma mesma interação.

Em 1960, Glashow e Weinberg, partindo do mesmo princípio de simetria (princípio de gauge ou simetria de calibre), que está implícito na formulação da teoria que descreve as interações eletromagnéticas no domínio quântico relativístico, obtiveram sucesso na unificação das teorias sobre a interação eletromagnética e a interação fraca (Anselmino et al., 2013). Entretanto, vale ressaltar que, no início da década de 1960, não se sabia ao certo quais campos seriam elementares no sentido fundamental e quais não seriam. Tampouco havia um princípio-guia para que fosse possível escrever as interações fundamentais dos campos.

A proposta de unificação das teorias eletromagnética e fraca feita por Glashow em 1961 baseia-se na composição dos grupos SU(2) e U(1). Já em 1967, Weinberg reformulou a unificação eletrofraca, tomando como base o princípio de gauge e, também, o mecanismo de quebra espontânea de simetria de Higgs. Mas uma dúvida ainda permeava as análises dos dois cientistas: não se sabia com certeza se os problemas relacionados às divergências em altas energias poderiam ser contornados, uma vez que a teoria envolve grupos de simetria não abelianos. Foi somente em 1971 que se tornou possível comprovar que as teorias de gauge não abelianas com quebra de simetria pelo mecanismo de Higgs eram renormalizáveis. A partir de então, a unificação eletrofraca foi aceita como uma teoria consistente.

Quando se trata de altas energias – energias elevadas $\gg$ 100 GeV –, a interação eletrofraca é mediada por quatro bósons. Considerando-se determinadas condições de simetrias, tais bósons devem ser formados por um tripleto composto por partículas W^+, W^- e W^0 e um singleto formado pela partícula B^0. Para energias normais, a simetria é quebrada espontaneamente, o que leva a uma separação entre as interações eletromagnética e fraca, em que o fóton faz a mediação na teoria eletromagnética e o tripleto composto por partículas W^+, W^- e W^0 faz a mediação na interação fraca. Com isso, é possível afirmar que a simetria *u* em relação à interação eletrofraca não ocorre em baixas energias.

5.1 Violação de paridade e decaimento beta

Para entendermos o conceito de conservação da paridade, podemos imaginar, por exemplo, o seguinte fenômeno físico realizado por uma pessoa em frente a um espelho: levantar o braço. As leis que regem a ação da pessoa e o modo como a imagem surge no objeto devem ser as mesmas. Porém, na interação fraca, em certos decaimentos radioativos, essa simetria é quebrada.

Consideremos um fenômeno físico, que chamaremos de *V*, simétrico em relação a um referencial – por exemplo, à origem. Então, temos $V(x) = V(-x)$. Nessa situação, o operador hamiltoniano, definido no Capítulo 2 (equação 2.7), é invariante em relação à transformação $x \rightarrow -x$. Essa transformação é conhecida como *operação de paridade* e é representada pelo operador P, o qual é denominado *operador de inversão espacial* e tem uma importante propriedade: trata-se de um operador-identidade, ou seja, $P^{-1} = P$, implicando que seus autovalores são apenas +1 e –1.

Na mecânica quântica, utilizamos a paridade para representar as propriedades de simetria das funções de onda quando tratamos de uma reflexão das coordenadas espaciais em relação à origem. Para descrevermos a simetria das funções de onda, usamos os termos *par* e *ímpar*. Assim, uma função par é do tipo $\Psi(-x) = \Psi(x)$, e uma função ímpar tem a forma $\Psi(-x) = \Psi(x)$. Isso significa que, se a função de onda não tem seu sinal alterado quando o sinal das coordenadas muda, a paridade é par ou +1. Em contrapartida, se a função de onda altera o sinal ao mudarmos o sinal das coordenadas, a paridade é ímpar ou –1. O número quântico de paridade assume apenas os valores +1 ou –1. A paridade de uma função de onda depende do número quântico de momento angular orbital: $P = (-1)^{\ell}$. Nesse sentido, assumimos que a paridade é ímpar se ℓ é ímpar e par se ℓ é par. Os termos *par* e *ímpar* não implicam, necessariamente, que os números quânticos correspondentes devam ser pares ou ímpares.

O operador hamiltoniano, que é responsável pela interação fraca da física de partículas elementares, não é invariante sob o efeito do operador de inversão espacial, isto é, a paridade é violada. Em alguns processos de decaimento, pode ocorrer de o estado final ser uma superposição de estados de paridades opostas.

Em 1956, Lee e Yang propuseram que a paridade não era conservada em interações fracas (Endler, 2010). Desse modo, por meio de medições realizadas em experimentos do decaimento β, em 1957, os autores conseguiram encontrar a violação da paridade.

Já na década de 1890, Becquerel descobriu acidentalmente que cristais de sulfeto de potássio de uranilo emitem radiação invisível e que essa radiação não necessita de estímulo externo, sendo tão penetrante que poderia escurecer negativos protegidos e ionizar gases (Tipler; Llewellyn, 2014). Esse processo ficou conhecido como *radioatividade*. Em experimentos posteriores, foram encontradas substâncias mais potentes em termos de radioatividade, como nos trabalhos realizados por Marie Curie e Pierre Curie, que descobriram dois elementos radioativos até então desconhecidos: o polônio e o rádio (Tipler; Llewellyn, 2014).

Nos anos 1910, Ernest Rutherford revelou que as radiações emitidas por substâncias radioativas são de três tipos: raios alfa, beta e gama (Tipler; Llewellyn,

2014). Tal classificação se dá em conformidade com a carga elétrica, bem como com a forma que pode penetrar na matéria e com a ionização do ar. Em experimentos subsequentes, demonstrou-se que os raios alfa são núcleos de hélio, os raios beta são elétrons e os raios gama são fótons de alta energia. Em seu famoso trabalho de disseminação de partículas alfa, o cientista propôs que a radioatividade é o resultado do decaimento ou da desintegração de núcleos instáveis.

Há três tipos de decaimento radioativo que ocorrem em substâncias radioativas: o decaimento alfa, em que as partículas emitidas são núcleos He; o decaimento beta, cujas partículas emitidas são elétrons ou prótons; e o decaimento gama, no qual as partículas emitidas são fótons de alta energia. Cada um desses decaimentos tem diferentes forças de penetração.

O decaimento radioativo, em que o número de massa A permanece constante, enquanto Z e N variam de uma unidade, pode ser classificado em três tipos de processos: emissão β^-, emissão β^+ e captura eletrônica.

Expansão da matéria

Muito se questiona sobre a origem do homem e do próprio Universo. Conhecer a sequência dos eventos geológicos da Terra é de fundamental importância para explicar como as coisas eram no início. Mas de que modo podemos saber sobre essa sequência de eventos?

A teoria do decaimento radioativo é muito utilizada no desenvolvimento do método de datação por concentração de radioisótopos. Várias técnicas de datação já foram elaboradas e nos ajudam a entender tais acontecimentos históricos. Na indicação a seguir, você saberá mais sobre os conceitos e a evolução histórica referentes às técnicas de datação por decaimento radioativo.

SANTOS, W. A. dos. **Introdução às técnicas de datação por decaimento radioativo**. 34 f. Trabalho de Conclusão de Curso (Bacharelado em Física) – Universidade Estadual de Maringá, Maringá, 2017. Disponível em: <http://www.dfi.uem.br/fisicaold/site.dfi.uem.br/wp-content/uploads/2018/01/010Willian-Alves-dos-santos-Bacharelado-2017.pdf>. Acesso em: 5 mar. 2023.

Na emissão β^-, um elétron é emitido e um dos nêutrons do núcleo se transforma em um próton. Podemos citar, por exemplo, o nêutron livre que decai em um próton e em um elétron. A energia liberada nesse decaimento é de 0,78 MeV, correspondendo à diferença entre a energia de repouso do nêutron e a soma das energias de repouso do próton e do elétron. A energia do decaimento, representada por Q, é dada por:

Equação 5.1

$$\frac{Q}{c^2} = M_P - M_D$$

Em que M_p é a massa do núcleo-pai e M_D consiste na soma das massas dos produtos do decaimento.

O decaimento de um nêutron livre pode ser expresso da seguinte forma:

Equação 5.2

$$n \rightarrow p + \beta^- + \bar{\nu}_e$$

Em que $\bar{\nu}_e$ é a antipartícula do elétron. O decaimento do ^{198}Au, um emissor β^-, é obtido por esta equação:

Equação 5.3

$$^{198}Au \rightarrow {}^{198}Hg + \beta^- + \bar{\nu}_e$$

A emissão de um elétron β^- é acompanhada pela emissão de um antineutrino, o que está de acordo com a lei de conservação do número de léptons. Em resultados experimentais recentemente realizados, observou-se que a massa do neutrino do elétron deve ser maior que zero e menor que 2,2 eV/c^2, valor equivalente a 0,000004 vezes a massa do elétron (Tipler; Llewellyn, 2014).

? *Composição da matéria*

Na emissão β^+, ocorre a emissão de um pósitron e de um neutrino, e um dos prótons do núcleo se transforma em um nêutron. Nesse evento, um próton livre não pode decair, em razão da lei de conservação de energia, uma vez que a energia de repouso do nêutron é maior que a do próton. Entretanto, um próton no interior de um núcleo pode emitir um pósitron em virtude do efeito da energia de ligação. Um típico decaimento por emissão β^+ é este:

Equação 5.4

$$^{13}_{7}N \rightarrow ^{13}_{6}C + \beta^+ + \bar{\nu}_e$$

O elemento ^{40}K é o único emissor β^+ natural conhecido e pode decair por emissão de β^- e por captura eletrônica. Sua reação é conhecida por:

Equação 5.5

$$^{40}_{19}K \rightarrow ^{40}_{18}Ar + \beta^+ + \bar{\nu}_e$$

Ao efetuarmos a soma das massas dos Z elétrons com as dos núcleos, obtemos, do lado direito de cada equação, a massa do átomo-filho mais duas massas eletrônicas. Dessa maneira, a relação entre a energia do decaimento β^+ e as massas atômicas do átomo-pai e do átomo-filho é dada por:

Equação 5.6

$$\frac{Q}{c^2} = M_P - (M_D + 2m_e)$$

Pela equação 5.6, observamos que a energia de decaimento Q está relacionada à diferença entre a massa do núcleo-pai e a soma das massas dos produtos do decaimento. Esse tipo de emissão β^+ acontece apenas quando a diferença de energia é de, ao menos, $2m_ec^2 = 1{,}002\,\text{MeV}$.

Exemplo prático I

Determine a energia máxima dos pósitrons no decaimento do ^{40}K.

Solução

Considerando ^{40}K como o pai e ^{40}Ar como o filho, a energia máxima Q dos pósitrons é dada por:

$$\frac{Q}{c^2} = M_P - \left(M_D + 2m_e\right)$$

As massas atômicas de cada elemento são tabeladas, sendo:

$$M\left(^{40}K\right) = 39{,}964999\ u$$

$$M\left(^{40}Ar\right) = 39{,}962384\ u$$

$$M\left(m_e\right) = 5{,}4858 \cdot 10^{-4}\ u$$

Substituindo esses valores de massa, temos:

$$\frac{Q}{c^2} = M_P - \left(M_D + 2m_e\right)$$

$$\frac{Q}{c^2} = 39{,}964999u - \left(39{,}962384 + 2 \cdot 5{,}4858 \cdot 10^{-4}\right)u$$

$$\frac{Q}{c^2} = 0{,}483\ MeV/c^2$$

Na captura eletrônica, um dos elétrons do átomo é capturado e um dos prótons do núcleo se transforma em um nêutron, com a emissão de um neutrino. Nesse processo, o efeito sobre o número atômico é o mesmo da emissão β^+, e a energia disponível para o processo é dada por:

Equação 5.7

$$\frac{Q}{c^2} = M_P - M_D$$

Para que a captura eletrônica aconteça, basta que a massa de um átomo de número atômico Z seja maior que a massa de um átomo de número atômico Z − 1. Um caso de captura eletrônica é este:

Equação 5.8

$$^{51}_{24}Cr \rightarrow {}^{51}_{24}V + \bar{\nu}_e$$

Para tal reação, a energia do decaimento é $Q = 0{,}751$ MeV. Uma vez que devemos conservar o número de léptons, a emissão de um neutrino se faz necessária, visto que o elétron capturado desaparece.

Exemplo prático II

Com relação ao decaimento $^{233}_{93}Np$, verifique se os seguintes processos são permitidos:

- Emissão β^- : $^{233}_{93}Np \rightarrow {}^{233}_{94}Pu + \beta^- + \bar{\nu}_e$
- Emissão β^+ : $^{233}_{93}Np \rightarrow {}^{233}_{92}U + \beta^+ + \bar{\nu}_e$
- Captura eletrônica: $^{233}_{93}Np \rightarrow {}^{233}_{92}U + \bar{\nu}_e$

Solução

Para cada tipo de processo, é preciso verificar a energia de decaimento. Assim, para o processo de emissão β^-:

$^{233}_{93}Np \rightarrow ^{233}_{94}Pu + \beta^- + \bar{\nu}_e$, temos:

$$\frac{Q}{c^2} = M_P - M_D$$

$$\frac{Q}{c^2} = 233{,}040805\ u - 233{,}042963\ u =$$
$$-0{,}002158\ u = -2{,}01\ MeV/c^2$$

Por sua vez, para o processo de emissão β^+:

$$^{233}_{93}Np \rightarrow ^{233}_{92}U + \beta^+ + \bar{\nu}_e, \text{ temos:}$$

$$\frac{Q}{c^2} = M_P - (M_D + 2m_e) = 233{,}040805\ u - (233{,}039630 + 2 \cdot 5{,}4858 \cdot 10^{-4})\ u$$

$$\frac{Q}{c^2} = 0{,}000078\ u = 0{,}073\ MeV/c^2$$

Agora, para o processo de captura eletrônica:

$$^{233}_{93}Np \rightarrow ^{233}_{92}U + \bar{\nu}_e:$$

$$\frac{Q}{c^2} = M_P - M_D = 233{,}040805\ u - 233{,}039630\ u = 0{,}001175\ u = 1{,}09\ MeV/c^2$$

Desse modo, concluímos que o decaimento β^- não é permitido, pois o valor encontrado é negativo. Já o decaimento β^+ é permitido, assim como o processo da captura eletrônica.

Expansão da matéria

Marie Curie foi uma pioneira nos estudos relacionados à radioatividade. Em virtude de sua enorme contribuição para a área, foi laureada com o Prêmio Nobel duas vezes. Na indicação a seguir, você conhecerá cinco fatos sobre a trajetória dessa grande cientista.

MOREIRA, I. 5 coisas que você precisa saber sobre Marie Curie. **Galileu**, 4 jul. 2016. Disponível em: <https://revistagalileu.globo.com/Ciencia/noticia/2016/07/5-coisas-que-voce-precisa-saber-sobre-marie-curie.html>. Acesso em: 5 mar. 2023.

5.2 Decaimento do múon e do píon

A interação fraca é mediada por três partículas, conhecidas como W^+, W^- e Z^0, e tem uma intensidade aproximadamente 100.000 vezes menor que a da interação forte. Vale ressaltar que as interações mediadas pelas partículas W^+ e W^- mudam o sabor dos quarks, mas não o dos léptons. As três reações mediadas pela interação fraca são o espalhamento de um neutrino do múon por um elétron, o espalhamento do neutrino do elétron por um múon e o decaimento beta inverso de um próton.

Composição da matéria

Considerados mésons leves e instáveis, os píons são partículas formadas por um quark e um antiquark e classificados de três formas: π^0, π^+ e π^-. Os píons carregados decaem em múons e neutrinos do múon, enquanto os píons neutros decaem em raios gama. Os píons podem ser produzidos em aceleradores de alta energia na colisão entre hádrons e, também, na interação de raios cósmicos com a matéria na atmosfera da Terra. O decaimento espontâneo de um píon negativo pode ser determinado pela reação $\pi^- \rightarrow \mu^- + \overline{\nu}_\mu$.

Outras partículas também produzidas nas interações de raios cósmicos são os múons, descobertos em 1937 por J. C. Street, E. C. Stevenson, Carl D. Anderson e Seth Neddermeyer (Tipler; Llewellyn, 2014).

O múon é uma partícula carregada instável mediada exclusivamente pela força fraca. Seu decaimento produz três partículas, que devem incluir o elétron e dois neutrinos. Tem uma vida média de 2,2 microssegundos e uma massa de repouso de 106 MeV/c^2. A grande maioria dos múons é criada a uma altitude de aproximadamente 10 km e apresenta velocidade de 0,9998 c. Em razão de tais condições, essa partícula consiste em um exemplo da dilatação dos tempos e da contração das distâncias.

O decaimento dos múons ocorre segundo a lei estatística da radioatividade:

Equação 5.9

$$N(t) = N_0 e^{(-t/\tau)}$$

Em que o termo N_0 representa o número de múons no instante $t = 0$ e τ corresponde ao tempo médio de vida dessas partículas – aproximadamente, 2 μs. Dessa forma, com a equação 5.9, é possível determinar o número de múons N(t) no instante *t*.

Com a velocidade, a distância e o tempo de vida médio que os múons apresentam, eles percorreriam uma distância de aproximadamente 600 m. Assim, poucas partículas chegariam ao nível do mar. No entanto, experimentos revelaram que muitos múons chegam à superfície da Terra (Tipler; Llewellyn, 2014). A explicação para isso está no efeito de dilatação do tempo: no referencial de nosso planeta, o tempo médio de vida dos múons é de 30 μs. Nessa perspectiva, a distância percorrida por tais partículas, de aproximadamente 10.000 m, tomando-se a Terra como referência, torna-se de apenas 600 m no referencial dos múons. Portanto, com base na previsão relativística, é possível detectar em torno de 36,8 milhões de múons em um mesmo intervalo de tempo – inclusive, há estudos que confirmam essa previsão (Tipler; Llewellyn, 2014). A massa dessas partículas também é dada em termos relativísticos, em virtude da dilatação do tempo, conforme a equação a seguir:

Equação 5.10

$$m(v) = \frac{m}{\sqrt{1 - \frac{v^2}{c^2}}}$$

Em que *v* é a velocidade da partícula e m(v) é a massa medida pelo observador, chamada de *massa relativística*. Logo, temos que a massa medida por um observador em relação ao qual a partícula está em movimento é sempre maior do que a massa medida por um observador em relação ao qual a partícula está em repouso. Nas equações relativísticas, muitas vezes se utiliza a notação $\gamma = \frac{1}{\sqrt{1 - \frac{v^2}{c^2}}}$ para facilitar e simplificar as equações.

Exemplo prático III

Sendo a velocidade dos múons da ordem de 0,998 c e considerando que a energia de repouso de um múon é de 105,7 MeV, determine a energia total e a massa do múon do ponto de vista de um observador que está na Terra.

Solução

A energia de repouso do elétron é dada pela conhecida equação $E = mc^2$. Assim, aplicando esse mesmo raciocínio para o múon, a energia total E, em termos relativísticos, é dada por:

$$E = \gamma mc^2$$

$$E = \frac{1}{\sqrt{1 - \frac{v^2}{c^2}}} \cdot 105,7 \frac{\text{MeV}}{c^2} \cdot c^2$$

$$E = \frac{1}{\sqrt{1 - \frac{(0,998c)^2}{c^2}}} \cdot 105,7 \frac{\text{MeV}}{c^2} \cdot c^2 = 1670\,\text{MeV}$$

A massa é determinada pela seguinte equação:

$$m(v) = \frac{m}{\sqrt{1 - \frac{v^2}{c^2}}}$$

$$m(v) = \gamma m$$

Isolando o termo γm na equação da energia total e substituindo, temos:

$$m(v) = \frac{E}{c^2} = \frac{1670\,\text{MeV}}{c^2}$$

Que representa a massa do múon no sistema relativístico.

A massa do múon é de, aproximadamente, 106 MeV/c^2, cerca de 200 vezes maior que a do elétron. No exemplo apresentado, o valor encontrado foi de 1 670 MeV/c^2, ou seja, 15 vezes maior.

Exemplo prático IV

Considerando-se que um laboratório conseguiu detectar 10^8 múons a uma altitude de 9 km, quantos múons devem ser detectados ao nível do mar no mesmo intervalo de tempo?

Solução

Calculando o tempo que os múons levam para percorrer os 9 km na previsão não relativística, temos:

$$t = \frac{\Delta x}{\Delta v} = \frac{9000\ m}{0,998\ c} \approx 30\ \mu s$$

Como o tempo médio de vida dos múons é de 2 μs, aplicamos a equação 5.9 para determinar o número de múons em 30 μs:

$$N(t) = N_0 e^{(-t/\tau)}$$

$$N(t) = 10^8 e^{(-30\mu/2\mu)}$$

$$N(t) = 10^8 e^{-15} = 30,6$$

Do total de 10^8 múons (100 milhões de múons) detectados, apenas 31 chegam à superfície do mar.

5.3 Neutrino e espalhamentos

Na teoria para o decaimento β, a partícula postulada por Pauli foi chamada por Enrico Fermi de *neutrino* ("pequeno neutro"), mas somente em 1956 ela foi observada em experimentos de laboratório. Atualmente, sabemos que há seis tipos de neutrinos: v_e, associado ao eletron; v_μ, associado aos múons; v_t, associado aos táuons; e as antipartículas correspondentes, $\bar{v}_e$, $\bar{v}_\mu$ e $\bar{v}_t$.

Expansão da matéria

Assista ao vídeo indicado a seguir para acompanhar uma apresentação sobre os neutrinos, com dados, informações e teorias acerca do tema.

FÍSICA ao Vivo – O que são neutrinos? – Prof. Marcelo Guzzo. 27 maio 2020. Disponível em: <https://www.youtube.com/watch?v=x7tezLan63c>. Acesso em: 5 mar. 2023.

O neutrino não tem carga elétrica, interagindo apenas pela força gravitacional e pela força nuclear fraca, e surge de reações nucleares e decaimentos radioativos. Antigamente, acreditava-se que sua energia de repouso era nula. Porém, estudos revelaram que a energia de repouso dos neutrinos não é nula (Tipler; Llewellyn, 2014). Como está previsto na maioria das teorias da grande unificação, os neutrinos têm uma pequena massa de repouso, dada por:

Equação 5.11

$$m_v \approx \frac{M_{eW}^2}{M_x}$$

O termo M_{eW} corresponde a uma massa característica da interação eletrofraca e apresenta uma ordem de

10^2 GeV/c^2. Já o termo M_x é denominado *massa da unificação* $\frac{E_x}{C^2} \approx 10^{16}$ GeV/c^2. Assim, a massa prevista para os neutrinos é muito menor que 1 eV. Contudo, o fato de tais partículas terem massa diferente de zero ajuda a resolver questões como a dos neutrinos solares e, além disso, pode contribuir para a resolução do problema da massa que falta no Universo.

Aliás, a quantidade de neutrinos que existem no Universo é maior que a de elétrons e prótons, sendo menor que a quantidade de fótons emitidos. Constantemente, bilhões de neutrinos são emitidos e chegam à Terra, mas, como a massa dos neutrinos é muito menor que 1 eV, a grande maioria deles atravessa a matéria sem se chocar com outras partículas.

Nessa perspectiva, considerando-se que a massa de repouso dessas partículas não é nula, eles se movem com uma velocidade menor que a velocidade da luz. Isso implica que um neutrino visto como levogiro (ou seja, que desvia a luz polarizada para a esquerda) para um observador pode ser visto como dextrogiro (que desvia a luz polarizada para a direita) por outro, e vice-versa. O neutrino e o antineutrino são, na realidade, a mesma partícula. Diferenciam-se apenas pelo fato de que os neutrinos são levogiros, e os antineutrinos são dextrogiros.

Outro resultado importante determinado em experimentos diz respeito à comprovação de que o sabor dos neutrinos pode mudar com o tempo. Isso significa que o número leptônico não é conservado, independentemente do sabor (Tipler; Llewellyn, 2014).

O espalhamento de um neutrino do múon por um elétron (Figura 5.1) envolve a troca de um bóson Z^0. Uma troca desse tipo é chamada de *corrente neutra*. A interação não converte o elétron em um múon do neutrino.

Figura 5.1 – Espalhamento de um neutrino do múon por um elétron

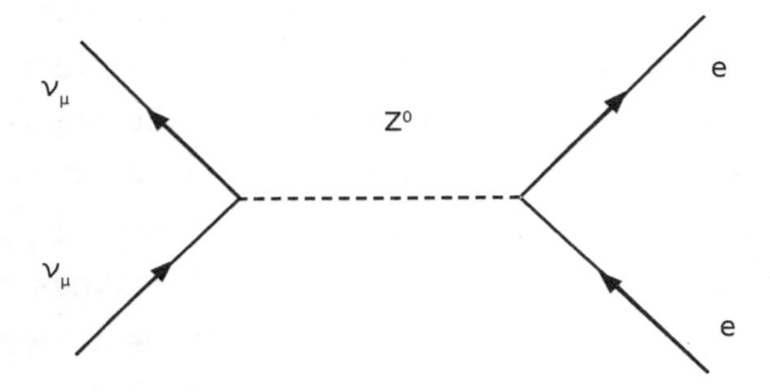

Já o espalhamento de um neutrino do elétron por um múon (Figura 5.2) pode ser mediado por uma corrente neutra. Contudo, outro possível mecanismo pode ser uma corrente carregada, na qual um bóson W^+ é trocado entre as duas partículas. Nesse evento, a interação converte o neutrino do elétron em múon e este em neutrino do elétron.

Figura 5.2 – Espalhamento de um neutrino do elétron por um múon

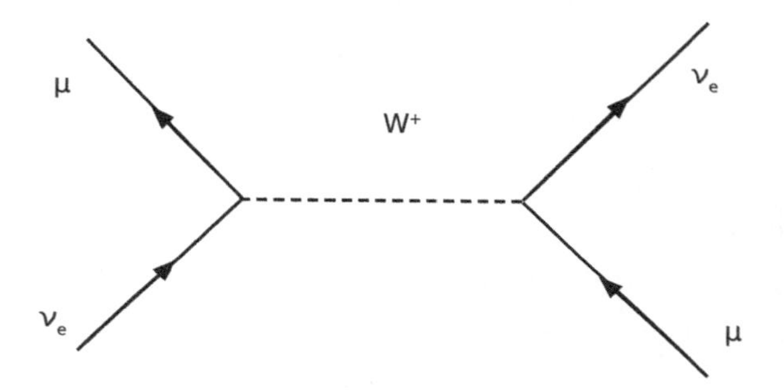

5.4 Violação e invariância CP

Como já discutimos, a invariância significa que as leis físicas ou propriedades de um sistema não sofrem variações diante de uma transformação entre sistemas de referência. No caso de um sistema de referência inercial, por exemplo, se as leis de Newton se aplicam em um sistema de referência, também valem para qualquer outro sistema de referência em movimento uniforme em relação ao sistema. Além disso, uma mudança de coordenadas que envolva velocidade constante não influencia a equação – resultado conhecido como *invariância galileana*. Os conceitos de espaço e de tempo são tratados separadamente na mecânica newtoniana. O tempo é considerado uma quantidade absoluta e, independentemente do sistema de referência, ele não demanda uma definição precisa.

Logo, a invariância das leis da mecânica sob transformações de coordenadas em dois sistemas de referência inerciais – os quais se deslocam sob seus eixos x_1 e x'_1 com velocidade vetorial relativa uniforme *v* de um ponto de um sistema para outro – é dada por $x'_1 = x_1 - vt$, $x'_2 = x_2$, $x'_3 = x_3$ e $t' = t$, que definem uma transformação de Galileu.

Nas teorias quânticas relativísticas, a velocidade dos sinais não pode ultrapassar a velocidade da luz. Por isso, as operações de inversão do tempo, de conjugação de carga e de paridade não alteram as funções de onda. Ou seja, mesmo com a inversão de $t \rightarrow -t$, partícula → antipartícula e $r \rightarrow -r$, as funções de onda deverão ter o mesmo resultado. Isso significa que:

Equação 5.12

$$TCP\Psi(r, t) = +1\Psi(r, t)$$

Ou:

Equação 5.13

$$TCP = +1$$

A ordem em que as operações são feitas é irrelevante.

Exemplo prático V

Considere que $\Psi(x, y, z, t)$ representa um campo escalar segundo uma transformação de coordenadas entre dois referenciais inerciais e a equação de onda $\nabla^2\Psi - \frac{1}{c^2}\frac{\partial^2\Psi}{\partial t^2} = 0.$

Para a transformação $x' = x - vt,\ y' = y,\ z' = z$ e $t' = t$, a equação é invariante?

Solução

Quanto às transformações entre dois sistemas inerciais S e S', temos a derivada primeira:

$$x' = x - vt \ \rightarrow \frac{\partial}{\partial x} = \frac{\partial x'}{\partial x}\frac{\partial}{\partial x'} = \frac{\partial}{\partial x'}$$

$$y' = y \rightarrow \frac{\partial}{\partial y} = \frac{\partial}{\partial y'}$$

$$z' = z \rightarrow \frac{\partial}{\partial z} = \frac{\partial}{\partial z'}$$

$$t' = t \rightarrow \frac{\partial}{\partial t} = \frac{\partial x'}{\partial t}\frac{\partial}{\partial x'} + \frac{\partial t'}{\partial t}\frac{\partial}{\partial t'} = -v\frac{\partial}{\partial x'} + \frac{\partial}{\partial t'}$$

O que acarreta as derivadas segundas:

$$\frac{\partial^2}{\partial x^2} = \frac{\partial^2}{\partial x'^2},\ \frac{\partial^2}{\partial y^2} = \frac{\partial^2}{\partial y'^2},\ \frac{\partial^2}{\partial z^2} = \frac{\partial^2}{\partial z'^2} \text{ e } \frac{\partial^2}{\partial t^2} = v^2\frac{\partial^2}{\partial x'^2} - 2v\frac{\partial^2}{\partial x'\partial t'} + \frac{\partial^2}{\partial t'^2}$$

Para o campo escalar, temos que

$$\Psi(x, y, z, t) = \Psi'(x', y', z', t')$$

Então, a equação de onda pode ser escrita nos dois sistemas como:

$$\left(\frac{\partial^2}{\partial x^2}+\frac{\partial^2}{\partial y^2}+\frac{\partial^2}{\partial z^2}+\frac{\partial^2}{\partial x^2}-\frac{1}{c^2}\frac{\partial^2}{\partial t^2}\right)\Psi =$$

$$=\left(\frac{\partial^2}{\partial x'^2}+\frac{\partial^2}{\partial y'^2}+\frac{\partial^2}{\partial z'^2}-\frac{v^2}{c^2}\frac{\partial^2}{\partial x'^2}+\frac{2v}{c}\frac{\partial^2}{\partial x'\partial t'}-\frac{1}{c^2}\frac{\partial^2}{\partial t'^2}\right)\Psi' =$$

$$=\left[\left(1-\frac{v^2}{c^2}\right)\frac{\partial^2}{\partial x'^2}+\frac{\partial^2}{\partial y'^2}+\frac{\partial^2}{\partial z'^2}+\frac{2v}{c}\frac{\partial^2}{\partial x'\partial t'}-\frac{1}{c^2}\frac{\partial^2}{\partial t'^2}\right]\Psi' = 0$$

Assim, ela não mantém a mesma forma nos sistemas inerciais. Portanto, não é invariante.

Antigamente, pensava-se que a invariância era aplicada separadamente em relação às três operações, fazendo T = +1, C = +1 e P = +1. Porém, descobriu-se que a paridade não se conserva nas interações fracas. Isso significa que, se TCP = +1, uma das outras operações também não pode se conservar.

Na esteira desse raciocínio, inicialmente se acreditava que, embora a paridade fosse violada, a operação combinada CP seria invariante, podendo, então, fazer CP = +1 mesmo para a interação fraca. Esse cenário era aceitável porque se confirmava pela existência de dois mésons K^0, chamados de *káons*, cujas massas eram parecidas, mas cujo tempo de vida e modos de decaimento eram diferentes.

O káon curto K_S^0 decai em dois píons com um tempo de vida igual a $0{,}88 \cdot 10^{-10}$ s, enquanto o káon longo K_L^0 decai em três píons com um tempo de vida igual a $5{,}2 \cdot 10^{-8}$ s. Assim, para o káon curto, temos C = +1 e P = +1 e, para o káon longo, C = −1 e P = −1. Para os dois casos, temos CP = +1.

Entretanto, em 1964, observou-se que, a cada 1.000 decaimentos, em um deles o káon longo K_L^0 tem um decaimento de apenas dois píons (Tipler; Llewellyn, 2014). Dessa forma, em alguns decaimentos, o valor da operação combinada é CP = −1, implicando a necessidade de que a invariância T fosse violada para que a invariância TCP fosse preservada.

5.5 Interações eletrofracas: isospin e hipercarga

Em 1932, a hipótese proposta por Heisenberg e, em paralelo, por Iwanenko e Majorana era que prótons e nêutrons eram mantidos juntos no núcleo atômico em razão de uma força da natureza, a qual não dependia da carga elétrica (Tipler; Llewellyn, 2014). Logo, prótons e nêutrons seriam dois estados diferentes de uma mesma partícula, o núcleon.

Assim, para diferenciar uma partícula de outra, adotaram um número quântico $I(=1/2)$, que denominaram *isospin*. Atualmente, sabemos que os hádrons podem ser agrupados em famílias de partículas de cargas distintas e massas muito próximas – por exemplo, o próton e o nêutron, chamados de *multipletos de carga*.

O isospin é um número quântico associado à interação forte, ou seja, quando o isospin total do sistema é conservado, as reações e os decaimentos são mediados pela interação forte. No caso contrário, se o isospin total do sistema não é conservado, eles não são mediados pela interação forte.

O tratamento dado a um isospin I é o de um vetor em um espaço de carga tridimensional, em virtude da semelhança com os vetores do *spin* S e do momento angular orbital L no espaço real. Assim como as componentes *z* do *spin* e do momento angular orbital dos elétrons atômicos são quantizadas, a componente do isospin na direção *z* também é quantizada, sendo representada por I_3. A carga *q* de uma partícula e o valor da componente do isospin na direção *z* se relacionam da seguinte maneira:

Equação 5.14

$$q = eQ = e\left(I_3 + \frac{B + C + S + B' + T}{2}\right)$$

Ou:

$$Q = I_3 + \frac{B + C + S + B' + T}{2}$$

Em que Q, B, C, S, B′ e T são os números quânticos, os quais variam de acordo com cada tipo de quark, conforme pode ser visto na Tabela 5.1, a seguir.

Tabela 5.1 – Números quânticos internos dos quarks

Quark	Q	B	C	S	T	B'
u	2/3	1/3	0	0	0	0
d	–1/3	1/3	0	0	0	0
c	2/3	1/3	1	0	0	0
s	–1/3	1/3	0	–1	0	0
t	2/3	1/3	0	0	1	0
b	–1/3	1/3	0	0	0	–1

O valor do isospin para os núcleons é $I = \frac{1}{2}$, sendo dois valores possíveis para a componente do isospin na direção *z*: $I_3 = +\frac{1}{2}$ para o próton e $I_3 = -\frac{1}{2}$ para o nêutron.

Para as partículas com maior massa, temos:

- $I = \frac{1}{2}$ para o dubleto, que diz respeito a grupos de partículas elementares que se diferem pela carga elétrica, mas têm massas semelhantes e mesmo número bariônico;
- $I = 0$ para os singletos Λ e Ω, em que os *spins* das partículas do núcleo são nulos;
- $I = 1$ para o tripleto Σ, em que temos $I_3 + 1$ para a partícula Σ^+, $I_3 = 0$ para a partícula Σ^0 e $I_3 = -1$ para a partícula Σ^-.

Para os mésons, temos:

- $I = 1$ para o tripleto π;
- $I = \frac{1}{2}$ para o dubleto K;

- $I = 0$ para o singleto η.

Composição da matéria

A hipercarga Y é outro tipo de parâmetro recorrente na análise de reações e decaimentos de partículas. Em sua definição, utiliza-se a relação entre a carga, o isospin e os números quânticos da Tabela 5.1. A equação da hipercarga é dada por:

Equação 5.16

$$Y = B + C + S + B' + T$$

Combinando as equações 5.15 e 5.16, temos:

Equação 5.17

$$Q = I_3 + \frac{Y}{2}$$

Que pode ser assim escrita:

Equação 5.18

$$Y = 2(Q - I_3)$$

Portanto, é possível afirmar que a hipercarga é igual a duas vezes a carga média do multipleto considerado. Por exemplo, a carga média do multipleto dos núcleons é (1e + 0e)/2 = e/2. Assim, para os núcleons, temos que Y = 1, o que está de acordo com os resultados obtidos para o próton e para o nêutron.

A hipercarga é conservada nas interações fortes e eletromagnéticas. Já nas interações fracas, ela varia de +1 a –1 ou zero.

Com o objetivo de facilitar seu entendimento, apresentamos na Tabela 5.2 as grandezas que podem ser conservadas nas interações entre as partículas.

Tabela 5.2 – Grandezas conservadas nas interações forte, eletromagnética e fraca

Grandeza	Forte	Eletromagnética	Fraca
Energia Momento Carga Q Número bariônico B Número leptônico L	Sim	Sim	Sim
Isospin I	Sim	Não	Não
Hipercarga Y	Sim	Sim	Não
Estranheza S	Sim	Sim	Não
Paridade P	Sim	Sim	Não

Com base nas leis de conservação e nas propriedades dos números quânticos, temos que os números quânticos de uma partícula e de sua antipartícula apresentam sinais opostos. Ainda, se ao menos um dos números quânticos for diferente de zero, a partícula e a antipartícula serão partículas diferentes. Pensando-se no fóton, na partícula π^0 e no gráviton, por exemplo, sendo nulos seus números quânticos, será um problema distinguir a partícula e a antipartícula. Isso porque, se apenas a carga é diferente de zero, uma é a antipartícula da outra, mas não é possível afirmar qual delas é a partícula e qual é a antipartícula.

Exemplo prático VI

Considere os decaimentosz $\Sigma^+ \rightarrow p\pi^0$ e $\Sigma^0 \rightarrow \Lambda^0\gamma$. Considerando a hipercarga da partícula $\Sigma^+ = 0$, a do próton p = +1 e a do píon $\pi^0 = 0$ e tendo em vista que as hipercargas das partículas Σ^0, Λ^0 e do fóton γ são nulas, podemos afirmar que os decaimentos são mediados pela interação forte, pela interação eletromagnética, pela interação fraca ou, ainda, que não ocorrem decaimentos?

Solução

Para o decaimento $\Sigma^+ \rightarrow p\pi^0$, a hipercarga da partícula $\Sigma^+ = 0$, a do próton p = +1 e a do píon $\pi^0 = 0$, temos que a variação de hipercarga é igual a 1. Esse tipo de decaimento pode ser mediado pela interação fraca, mas não pela interação forte.

Para o decaimento $\Sigma^0 \rightarrow \Lambda^0\gamma$, a hipercarga $\Sigma^0 = 0$, $\Lambda^0 = 0$ e do fóton $\gamma = 0$, temos que a variação de hipercarga é igual a zero. Esse decaimento é mediado pela interação eletromagnética.

Exemplo prático VII

Considere que o número de cargas elétricas possíveis dos núcleons seja determinado por 2I + 1, em que *I* é o isospin. Qual é o valor do isospin do próton e do nêutron?

Solução

Para o núcleon, temos que o número de estados de cargas elétricas possível é igual a 2. Portanto:

$$2I + 1 = 2$$

$$I = \frac{2-1}{2} = \frac{1}{2}$$

Radiação residual

Neste capítulo, abordarmos o conceito de violação da paridade, em que a transformação $x \rightarrow -x$ é conhecida como *operação de paridade* e é representada pelo operador P. Vimos também que, no decaimento β, é possível constatar a violação da paridade, sendo este um tipo de decaimento no qual o número de massa A permanece constante, enquanto Z e N variam em uma unidade.

Ainda, analisamos os decaimentos do múon e do píon, partículas que podem ser produzidas na interação de raios cósmicos com a matéria na atmosfera da Terra. Outra partícula que estudamos foi o neutrino, que não tem carga elétrica, cuja interação ocorre apenas pela força gravitacional e pela força nuclear fraca.

Também apresentamos o conceito de invariância, segundo o qual as leis físicas não sofrem variações quando da transformação entre sistemas de referência. Nessa perspectiva, explicamos que alguns decaimentos apresentam invariância violada.

Por fim, tratamos do isospin e da hipercarga, espécies de parâmetros utilizados em análises de reações e decaimentos de partículas.

Testes quânticos

1) Explique em que consiste a conservação da paridade e de que maneira ela é violada no decaimento beta.

2) Os neutrinos são as partículas elementares que, depois dos fótons, mais aparecem no Universo, atravessando a todo momento a matéria. Explique por que não é possível perceber com facilidade essa interação com os neutrinos.

3) Nas assertivas a seguir, assinale V para as verdadeiras e F para as falsas.
   ( ) A cada 1.000 decaimentos, o káon longo K_L^0 tem um decaimento de apenas dois píons.
   ( ) A paridade se conserva nas interações fracas. Assim, as outras operações, como a carga, são também conservadas.

( ) As inversões $t \rightarrow -t$, partícula → antipartícula e $r \rightarrow -r$ mantêm as funções de onda inalteradas, pois a velocidade dos sinais não pode ultrapassar a velocidade da luz.

( ) A massa de repouso dos neutrinos é nula, o que explica o fato de o neutrino e o antineutrino serem a mesma partícula.

Agora, assinale a alternativa que apresenta a sequência correta:

a) F, F, F, V.

b) V, F, V, F.

c) V, V, V, V.

d) F, V, V, F.

e) F, V, F, V.

4) Suponha que um laboratório detectou, ao nível do mar, uma quantidade de 65 múons. Considerando que a velocidade da luz é de 300.000 km/s e que o tempo médio de vida dos múons é 2 μs, determine quantos múons são detectados em uma altitude de 10 km no mesmo intervalo de tempo:

a) $\approx 3,16 \cdot 10^8$ múons.

b) $\approx 1,33 \cdot 10^7$ múons.

c) $\approx 6,68 \cdot 10^9$ múons.

d) $\approx 1,16 \cdot 10^9$ múons.

e) $\approx 6,36 \cdot 10^8$ múons.

5) Avalie as sentenças a seguir.

I) O píon é uma partícula formada por um quark e um antiquark.

II) O múon é uma partícula carregada instável, e seu decaimento envolve um elétron e um neutrino.

III) Os píons são partículas que podem ser produzidas na colisão entre os hádrons e na interação de raios cósmicos com a matéria na atmosfera da Terra.

Está(ão) correta(s) a(s) sentença(s):

a) I, apenas.
b) II, apenas.
c) I e III.
d) I e II.
e) I, II e III.

Interações teóricas

Computações quânticas

1) A conservação da paridade pode ser entendida como um processo físico que pode ser observado em um espelho e segue as mesmas leis do processo não refletido. Como podemos explicar a paridade considerando nosso dia a dia?

2) Os neutrinos, partículas de massa muito pequena, são produzidos em grandes quantidades nas reações nucleares e nos decaimentos radioativos (por exemplo, no Sol). Os neutrinos são lançados ao espaço,

sendo que em torno de 70 bilhões deles passam por cada centímetro quadrado da Terra a cada segundo. Com tanta facilidade para se movimentar, seria possível utilizar o neutrino para transportar informações?

Relatório do experimento

1) Realize uma pesquisa com alunos de uma escola sobre as partículas que podem ser produzidas na interação de raios cósmicos com a matéria na atmosfera da Terra. Pergunte se eles acreditam na possibilidade de existirem partículas que se comportam dessa maneira.

Modelo padrão das partículas elementares

Neste capítulo, trataremos do modelo padrão das partículas elementares, teoria desenvolvida para explicar as propriedades e interações de todas as partículas. Assim, faremos uma revisão das interações eletrofracas e sua conexão com as teorias da cromodinâmica quântica (QCD, do inglês *quantum chromodynamics*) e da eletrodinâmica quântica (QED, do inglês *quantum electrodynamics*), considerando que alguns conceitos básicos são utilizados para classificar e descrever as partículas. Também discutiremos a geração de massa por meio do bóson de Higgs e suas propriedades, para depois seguir com a medição das massas dos bósons e dos férmions, cuja geração é medida pelos mecanismos dos grandes aceleradores. Encerraremos o capítulo abordando a teoria do modelo padrão e a teoria da grande unificação, por meio da qual os cientistas buscam unificar todas as interações fundamentais das partículas.

6.1 Revisão das interações eletrofracas

Desde 1978, a física utiliza o modelo padrão como a teoria oficial da física das partículas elementares, que consiste em uma combinação de três teorias: a teoria dos quarks, a teoria eletrofraca e a teoria da QCD. Para explicarmos melhor o modelo padrão, abordaremos cada uma dessas teorias separadamente. Começaremos dividindo as partículas conhecidas de três formas: férmions e bósons, hádrons e léptons e partículas e antipartículas.

Os férmions têm número quântico *spin* semi-inteiro – por exemplo, os elétrons. Já os bósons são partículas de número quântico *spin* nulo ou inteiro, como os fótons. O número quântico *spin* está relacionado ao momento angular intrínseco a todas as partículas.

Por sua vez, os hádrons estão sujeitos à interação forte, ou seja, à interação que mantém unidos os núcleos. Os léptons são partículas não sujeitas a esse tipo de interação.

Quanto às partículas e às antipartículas, trata-se de pares que apresentam a mesma massa e o mesmo *spin*, mas cargas elétricas opostas, bem como alguns números quânticos também opostos.

De acordo com a equação de onda relativística – equação 6.1, é necessário haver funções de onda correspondentes aos estados de energia negativa, uma vez que todos esses estados estão ocupados por elétrons e, desse modo, não é possível observá-los. Normalmente, a solução negativa era desprezada, restando apenas o sinal positivo, por ser fisicamente impossível que tal energia tenha valor negativo.

Equação 6.1

$$E^2 = (pc)^2 + (mc^2)^2$$

Usando o princípio de exclusão, Dirac propôs que apenas os buracos existentes nesses estados de energia negativa poderiam ser observados, comportando-se como cargas positivas e com energia positiva.

Exemplo prático I

Um elétron está submetido a uma diferença de potencial de 10^7 V. Sabendo que, nesse caso, ele tem energia cinética de 10 MeV e energia de repouso igual a 0,511 MeV, determine o momento *p* do elétron.

Solução

A energia total corresponde à soma da energia cinética com a energia de repouso. Assim:

$$E_{Ts} = 10 + 0,511 = 10,511 \, \text{MeV}$$

Aplicando a equação 6.1, temos:

$$E^2 = (pc)^2 + (mc^2)^2$$

$$10,511^2 = (pc)^2 + (0,511)^2$$

$$(pc)^2 = 10,511^2 - (0,511)^2$$

$$pc = \sqrt{10,511^2 - (0,511)^2}$$

$$pc = 10,50 \, \text{MeV}$$

$$p = 10,50 \, \text{MeV/c}$$

Descoberto em 1932, o pósitron é uma partícula que tem a mesma massa e o mesmo momento angular intrínseco que o elétron, mas carga positiva. A descoberta de tal partícula indicava que a interpretação de Dirac estava correta, embora fosse difícil considerar essa previsão.

Com o desenvolvimento da teoria da QED, deixou de ser necessário pensar na infinidade de elétrons de energia negativa. Isso porque as soluções de energia negativa da equação de Dirac passavam a ser as soluções de energia positiva de uma partícula nova – no caso, o pósitron. Indo mais além, segundo a QED, para cada partícula existente há uma antipartícula de mesma massa, mas cuja carga elétrica tem sinal contrário.

O pósitron é tido como uma partícula estável, ainda que seu tempo de vida seja muito curto, em virtude da quantidade de elétrons existentes. No encontro entre um pósitron e um elétron, as duas partículas se aniquilam mutuamente pela seguinte reação:

Equação 6.2

$$e^{+} + e^{-} \rightarrow \gamma + \gamma$$

Ou por:

Equação 6.3

$$e^{+} + e^{-} \rightarrow \gamma + \gamma + \gamma$$

Se, depois de formarem um estado S, os *spins* estiverem antiparalelos, serão criados dois fótons; caso estejam em paralelo, três fótons serão criados.

A teoria dos quarks é um modelo que se propõe a explicar a estrutura das partículas. Originalmente, era composta por três tipos de quarks, chamados de *sabores u, d* e *s*. Entretanto, outros três tipos de quarks foram descobertos, denominados *c*, *b* e *t*, os quais tinham valores fracionários de carga elétrica, ou seja, a carga do quark *u* é 2e/3, e a carga dos quarks *d* e *s* é −e/3. Para cada quark, também existe um antiquark com valores simétricos de carga elétrica, número bariônico e estranheza.

No modelo dos quarks, todos os bárions são constituídos por três quarks, e todos os mésons são formados por um quark e um antiquark. No caso do próton, sua formação é dada pela combinação *uud*, e o nêutron é composto pela combinação *udd*.

Exemplo prático II

Sabendo-se que a partícula Ω^- decai pela reação $\Omega^- \rightarrow \Lambda^0 + K^-$ e que as partículas Λ^0 e K^-, de forma geral, decaem pela reação $\Lambda^0 \rightarrow p + \pi^-$ e $K^- \rightarrow \mu^- + \nu_\mu$, respectivamente, quais são as três reações em termos de quarks?

Solução

O decaimento da partícula Ω^- é dado pela reação:

$$sss \rightarrow uds + s\bar{u}$$

Em que um quark *s* se transforma em um quark *d*, e um par *uū* é criado.

Já o decaimento da partícula Λ^0 é obtido pela seguinte reação:

$$uds \rightarrow uud + \bar{u}d$$

Em que um quark *s* se transforma em um *d*, e um par *uū* é criado.

O decaimento da partícula K^- é dado pela reação:

$$s\bar{u} \rightarrow \mu^- + \bar{\nu}_\nu$$

Em que um quark *s* se transforma em um quark *u*, e os quarks *u* e ū se aniquilam mutuamente, produzindo um bóson W^-, que decai em dois léptons.

A QCD é a teoria que descreve a interação forte, formulada com base no modelo da QED. A interação forte, que mantém os núcleos unidos, ocorre entre quarks e é mediada pela partícula glúon, de massa de repouso zero e *spin* 1. Os glúons são bicolores, isto é, têm uma unidade de uma cor e outra unidade de uma anticor. Assim, no processo $q \rightarrow q + g$, o quark pode mudar de cor, mas não alterar o sabor. Já nas reações e nos decaimentos mediados pela interação fraca, os quarks podem mudar de sabor. É o caso, por exemplo, do decaimento β^- do nêutron, que corresponde à transformação de um quark *d* em um quark *u*, sendo que o resultado final do decaimento de qualquer bárion será o membro mais leve da família, ou seja, o de menor energia – o próton.

A teoria eletrofraca faz a unificação das teorias da interação eletromagnética e da interação fraca. Quanto à interação dos elétrons, ela se refere à natureza eletromagnética, não sendo diferente da interação clássica que conhecemos entre as partículas que têm carga elétrica. Isso significa que, quando recorremos à equação de Schrödinger para um átomo com dois ou mais elétrons, não obtemos uma solução analítica, apenas uma solução por métodos de aproximação, o que é comum em problemas clássicos envolvendo várias partículas.

Na interação eletromagnética, os átomos emitem fótons quando um elétron ligado ao núcleo passa para um estado de menor energia, o que não acontece em processos como o decaimento de um nêutron, pois este não tem carga elétrica. Logo, outro tipo de interação se faz necessário para explicar o decaimento β. Nesse caso, estamos remetendo à interação fraca, que deve atuar em um intervalo de tempo longo – em comparação com o tempo característico dos fenômenos nucleares – para produzir o decaimento, uma vez que o tempo de vida associado ao decaimento β é muito maior que o tempo dos fenômenos relativos aos núcleos. Vale ressaltar que todos os quarks e léptons estão sujeitos à interação fraca, que tem um alcance da ordem de 10^{-18} m e de intensidade aproximadamente 10^5 vezes menor que a da interação forte.

Exemplo prático III

A distância R percorrida no intervalo de tempo $t = \hbar/\Delta E$ por uma partícula que se move a uma velocidade próxima da velocidade da luz é dada por R = /mc.

Dessa forma, determine o alcance aproximado de uma interação fraca medida pela partícula Z^0, sabendo que sua massa vale 91,16 GeV/c^2.

Solução

Multiplicando e dividindo por *c* a equação de R e substituindo o valor da massa da partícula Z^0, obtemos:

$$R = \frac{\hbar}{mc} = \frac{\hbar \cdot c}{mc^2}$$

$$R = \frac{\left(1{,}055 \cdot 10^{-34}\ J \cdot s\right)\left(3 \cdot 10^{2}\ m/s\right)}{\left(91{,}16\ GeV/c^2\right)\left(1{,}6 \cdot 10^{-10}\ J/GeV\right)}$$

$$R = 2{,}17 \cdot 10^{-18}\ m$$

Com relação à teoria eletrofraca, há uma quebra da simetria para baixas energias, o que leva a uma separação entre a interação eletromagnética, mediada pelo fóton, e a interação fraca, mediada pelas partículas W^+, W^- e Z^0. O agente responsável pela quebra da simetria está associado a um bóson que foi denominado *bóson de Higgs*, primeiramente observado em 2012.

6.2 Campo de Higgs

O campo de Higgs está associado à partícula chamada de *bóson de Higgs*, cuja energia de repouso é de 125 GeV. É por meio da interação com o campo de Higgs que as partículas adquirem massa. No Large Hadron Collider (LHC), ou Grande Colisor de Hádrons, os prótons são acelerados e, em uma colisão frontal, cada próton adquire uma energia de aproximadamente 7 TeV, a qual, de acordo com os cálculos, seria suficiente para produzir tais bósons.

Em 1964, o físico Peter Higgs fez uma previsão teórica a respeito do bóson de Higgs, teoria que também foi utilizada por outros físicos para explicar por que os bósons W e Z têm massa. Quando a teoria eletrofraca foi formulada, no início da década de 1960, havia um desencontro envolvendo as partículas W e Z. Isso porque, conforme a teoria das interações fracas, tais partículas deveriam ter massa elevada, porém, conforme a simetria da teoria, as massas de tais partículas deveriam ser nulas. Evidentemente, a partir disso, surgiu uma contradição, mas, se as massas dessas partículas fossem aparentes, a contradição desapareceria. Isso significa que as massas de tais partículas são formadas por outras partículas: os bósons de Higgs.

Um problema relativo ao modelo padrão se refere à exigência de que as partículas mediadoras tenham massa nula. No entanto, como explicamos, algumas dessas partículas têm massa, a exemplo dos fótons e dos glúons, de massa nula, e das partículas W e Z, mediadoras na interação fraca. Dessa forma, temos uma quebra espontânea de simetria na interação fraca. O campo de Higgs, portanto, corresponde à interação com uma nova partícula mediadora que resolve esse problema.

A ideia é que no Universo existe um campo de Higgs com o qual as partículas acabam permanentemente se chocando e que nessa interação elas adquirem massa. Para entendermos isso melhor, podemos fazer a seguinte analogia: imagine um sistema que contenha um líquido transparente com certa viscosidade. Quando lançadas nesse líquido, as partículas sentem o atrito e se movimentam mais devagar. É possível presumir que tal lentidão corresponde à obtenção de massa, já que as partículas que não têm massa viajam na velocidade da luz no vácuo. Esse sistema é atualmente conhecido como *mecanismo de Higgs* e é considerado como a origem da massa de todas as partículas elementares.

Como podemos perceber ao longo de nosso estudo, a massa, que é uma propriedade tão familiar da matéria, tem sido amplamente pesquisada nas teorias da física de partículas. Os cientistas pretendem entender por que as partículas têm massa, por mais que essa pareça uma questão simples. Por conta disso, o campo de Higgs representa uma teoria que nos permite compreender o motivo de algumas partículas elementares terem massa e outras não.

6.3 Massas dos bósons de calibre e dos férmions

Como mencionamos anteriormente, bósons e férmions são duas partículas fundamentais. Os bósons são os transmissores das interações na natureza, têm *spin* inteiro e não obedecem ao princípio de exclusão de Pauli. Por sua vez, os férmions são partículas que constituem a matéria; têm *spin* semi-inteiro e obedecem ao princípio de exclusão de Pauli.

Da família dos bósons fazem parte os fótons, aos quais cabe mediar a interação eletromagnética; os bósons W^+, W^- e Z, que medeiam a interação fraca; os glúons, que se ocupam da mediação da interação forte; e os bósons de Higgs, os quais induzem a quebra espontânea de simetria dos grupos de calibre, sendo os responsáveis pela existência da massa. À família dos férmions pertencem os léptons, que são os elétrons, bem como os múons, os taus e seus neutrinos, além dos quarks.

Com relação às teorias de calibre, a lagrangiana de cada conjunto de bósons mediadores é invariante sob uma transformação, a qual é denominada *transformação de calibre* ou *transformação de gauge*. Desse modo, tais bósons são ditos *bósons de calibre*, cujas transformações de calibre são descritas com um grupo unitário chamado de *grupo de calibre*.

Na interação forte, o grupo de calibre é o SU(3), que diz respeito às interações de dois glúons formando um octeto, podendo ser representado por:

Equação 6.4

$$SU(3) \rightarrow 8G_{\mu}^{\alpha}$$

Isso significa que oito partículas (glúons) de *spin* inteiro G_{μ}^{α} estão associados ao grupo SU(3). Também podemos representar tais bósons de calibre por $SU_C(3)$, em que o subscrito C se refere ao número quântico cor desse grupo. Considerando-se que os glúons não têm massa, todas as partículas que são transformadas por esse grupo de gauge carregarão uma cor e terão uma interação forte com os glúons.

Na interação eletrofraca, o grupo de calibre é o $SU(2) \cdot U(1)$, em que:

Equação 6.5

$$SU(2) \rightarrow 3W_{\mu}^{\alpha}$$

e

Equação 6.6

$$U(1) \rightarrow B_{\mu}^{\alpha}$$

Na equação 6.5, o grupo SU(2) pode ser reescrito como $SU_L(2)$, em que o subscrito L indica que apenas as componentes de mão esquerda (que significa a projeção de seu *spin* na direção do *momentum*) são consideradas. Então, há três partículas de *spin* W_{μ}^{α} associadas a esse grupo que carrega o número quântico sabor. Na equação 6.6, temos uma partícula B_{μ} associada a $U_Y(1)$, sendo que o grupo U(1) pode ser reescrito como $U_Y(1)$, e o subscrito Y indica a hipercarga das partículas que se transformam nesse grupo. Os bósons associados ao grupo de calibre SU(2) · U(1) se relacionam aos bósons físicos responsáveis por mediar as interações fracas W^+, W^-, Z^0 e o fóton.

Logo, descrevendo as interações por meio de grupos, no modelo padrão, temos:

Equação 6.7

$$SU(3) \cdot SU(2) \cdot U(1)$$

É necessário gerar as massas para os bósons de gauge W e Z, assim como para os férmions, no modelo padrão. O fóton continua com massa nula, pois a QED exige que se mantenha como simetria exata. Desse modo, introduz-se um campo escalar de ao menos três graus de liberdade, representado por:

Equação 6.8

$$\Phi = \begin{pmatrix} \phi^+ \\ \phi^0 \end{pmatrix}, \text{ com } Y_{\phi} = +1$$

Em que o termo ϕ^+ corresponde a um campo escalar complexo e ϕ^0 é o campo escalar complexo neutro.

O campo de H(x) descreve o bóson de Higgs físico, obtido mediante a excitação do campo de Higgs neutro, ou seja, o escalar neutro. Assim, no calibre unitário, o dubleto de Higgs fica representado por:

Equação 6.9

$$\Phi(x) = \frac{1}{2}\begin{pmatrix} 0 \\ v + H(x) \end{pmatrix}$$

Sendo *v* um neutrino. A massa do bóson de Higgs é dada por:

Equação 6.10

$$m_H = \sqrt{2\lambda v^2} = \sqrt{-2\mu^2}$$

Em que μ^2 é chamado de *termo de massa* e seu valor é determinado experimentalmente. As massas dos bósons W e Z são obtidas por:

Equação 6.11

$$m_W = \frac{gv}{2}$$

e

Equação 6.12

$$m_Z = \frac{gv}{2\cos\theta_W}$$

Em que *g* é uma constante de acoplamento.

Conforme a teoria, o único bóson que não é de calibre é o bóson de Higgs. Os bósons de calibre são descritos por equações de campo para partículas sem massa, e as forças que os descrevem devem ser de longo alcance. Contudo, pelas evidências experimentais, as interações fracas e fortes têm um alcance muito curto.

Ainda no âmbito do modelo padrão, as massas dos férmions são obtidas, por meio do resultado do mecanismo de Higgs, pela presença dos acoplamentos de Yukawa, que carregam a constante de acoplamento de Yukawa entre os campos fermiônicos e o dubleto de Higgs, sendo este um dubleto escalar no calibre unitário. A massa de um férmion está relacionada ao acoplamento entre um campo com partículas de mão esquerda e outro campo com partículas de mão direita. As massas dos léptons carregados são dadas pela seguinte relação:

Equação 6.13

$$m_{\alpha} = \frac{y'_{\alpha}\, v}{\sqrt{2}}, \quad \alpha = e, \mu, \tau$$

Em que o termo *l* representa os campos dos léptons carregados com massas definidas e o coeficiente y^{l}_{α} se refere a parâmetros desconhecidos no modelo padrão. Dessa maneira, como os parâmetros são desconhecidos, as massas dos léptons não podem ser previstas, mas podem ser determinadas em métodos experimentais.

Como mencionado anteriormente, no modelo padrão, os bósons W e Z adquirem massa por meio do campo de Higgs. Os valores obtidos pelo método experimental são:

Equação 6.14

$$m_W = 80,385 \pm 0,015 \, \text{GeV}$$

e

Equação 6.15

$$m_Z = 91,1876 \pm 0,0021 \, \text{GeV}$$

Nesse mecanismo de Higgs, os quatro bósons de calibre da interação eletrofraca se acoplam a um campo de Higgs, o qual sofre a quebra espontânea de simetria em razão da forma de seu potencial de interação. Nessa perspectiva, o Universo é repleto de vácuo de Higgs diferente de zero. Esse vácuo se acopla a três dos bósons de calibre eletrofracos, gerando massa, e os bósons de calibre restantes permanecem sem massa, como o fóton.

6.4 Modelo padrão: em busca de uma teoria final

Considerado desde 1978 a teoria oficial da física de partículas, o modelo padrão, como mencionado, consiste na unificação das seguintes teorias: dos quarks (que descreve a estrutura das partículas); eletrofraca (que propõe a unificação das interações eletromagnética e fraca);

e da interação forte. Assim, ele é capaz de explicar muitas propriedades, bem como as interações das partículas fundamentais.

Resumidamente, no modelo padrão, toda matéria é formada pelas partículas fundamentais, que são os léptons e os quarks. Cada um deles existe em seis sabores diferentes, sendo divididos em seis gerações. Os mediadores das forças são os fótons, as partículas W^+, W^- e Z^0, além de oito tipos de glúons. Os léptons e os quarks são férmions de *spin* $\frac{1}{2}$ que obedecem ao princípio da exclusão de Pauli. Os mediadores das forças são bósons de *spin* 1 que não obedecem ao princípio de exclusão de Pauli. Todas as forças que existem na natureza se devem a uma das quatro interações básicas: forte, eletromagnética, fraca e gravitacional.

Vale ressaltar que o fóton é o mediador da interação eletromagnética, mas não tem carga elétrica. As partículas W^+, W^- e Z^0, que são mediadoras das interações fracas, têm carga fraca, e os glúons mediadores da interação forte apresentam cor, o que ajuda a explicar a liberdade assintótica dos quarks.

A interação forte pode ser observada de duas formas: a interação forte fundamental, que se relaciona à interação de cor e é responsável pela força entre os quarks, sendo mediada pelos glúons; e a interação nuclear, responsável pela força entre os núcleons.

O modelo padrão, que se baseia na simetria local dos grupos SU(3) · SU(2) · U(1), é uma teoria de calibre.

Ou seja, as interações entre os campos ocorrem com a introdução de bósons vetoriais por meio da generalização das derivadas covariantes, fenômeno conhecido como *processo de calibre*. Os quatro campos fundamentais são: os campos de fótons, na interação eletromagnética; os campos de glúons, na interação forte; os campos das partículas W e Z, nas interações fracas; e os campos grávitons, nas interações gravitacionais – embora nenhum gráviton tenha sido detectado e mesmo que a gravidade não se adéque muito bem à teoria do modelo padrão.

Nas últimas décadas, os avanços tecnológicos e a precisão dos experimentos científicos aumentaram consideravelmente a compreensão de conceitos como a quebra espontânea de simetria de calibre e a quebra explícita da simetria de sabor.

Entretanto, apesar de os resultados de estudos e pesquisas estarem em consonância com as previsões do modelo padrão, atualmente se acredita que não se trata de uma teoria fundamental, e sim de uma teoria efetiva de baixa energia, válida apenas até uma escala indeterminada. Uma das justificativas para isso tem relação com a gravitação quântica, que não faz parte da teoria do modelo padrão. Além disso, há problemas conceituais que não podem ser explicados e resolvidos por esse modelo por se tratar de uma teoria de baixa energia, na escala de TeV – por exemplo, a hierarquia de calibre, cuja escala eletrofraca é muito menor se comparada com a *cut-off*, ou seja, $\Lambda \gg 1$ TeV.

6.5 Grande unificação

Quando as teorias das interações eletromagnéticas e da interação fraca foram unificadas, dando origem à teoria eletrofraca, muitos físicos se sentiram esperançosos de que também seria possível incluir as teorias da interação forte e da interação gravitacional. Essa teoria, que reuniria todas essas interações, é chamada de *teoria da grande unificação* (GUT, do inglês *Grand Unified Theory*).

Composição da matéria

Um ponto importante referente à teoria da grande unificação consiste no fato de que as constantes de acoplamento das quatro interações devem tender para o mesmo valor, sendo este aproximadamente igual ao da constante de estrutura fina α (equação 6.16), considerando-se valores muito grandes de energia.

Equação 6.16

$$\alpha = \frac{e^2}{\hbar c}$$

Em observações experimentais, realmente há uma indicação de que os valores das constantes de acoplamento convergem para o mesmo valor. Contudo, esse valor de convergência, em torno de 10^{16} GeV, é muito alto e está distante dos valores máximos de energia a que conseguimos chegar, algo próximo a 10^4 GeV, mesmo com o maior acelerador de partículas existente, o LHC.

Na Figura 6.1, a seguir, observe que as constantes de acoplamento das interações forte, fraca, eletromagnética e gravitacional estão aparentemente convergindo para um valor comum, com valores de energia da ordem de 10^{15} a 10^{17} GeV. O LHC produz uma energia máxima de apenas 14 TeV. Por conta disso, afirmações a respeito da energia de unificação E ainda são muito incertas.

Figura 6.1 – Constantes de acoplamento das quatro interações e energia

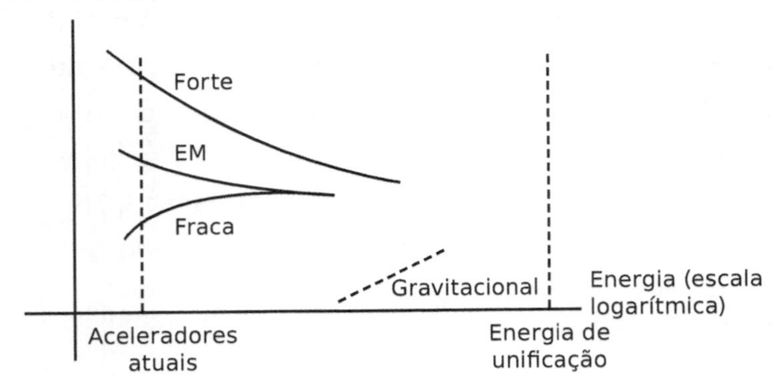

Exemplo prático IV

No modelo atômico de Bohr, a velocidade do elétron pode ser encontrada pela equação $v = \frac{n\hbar}{mr}$, em que *n* é o estado. Para o átomo de hidrogênio, no estado fundamental, o raio é $r = \frac{\hbar^2}{me^2}$. Assim, demonstre que, no estado fundamental do átomo de hidrogênio, o átomo de Bohr, a velocidade do elétron pode ser escrita como $v = \alpha c$, em que c é a velocidade da luz e α é a constante de estrutura fina.

Solução

A velocidade do elétron no átomo de Bohr é dada por:

$$v = \frac{n\hbar}{mr}$$

No estado fundamental, temos $n = 1$. Logo, o raio é:

$$r = \frac{\hbar^2}{me^2}$$

Substituindo na equação da velocidade do elétron, temos:

$$v = \frac{\hbar \cdot me^2}{m\hbar^2} = \frac{e^2}{\hbar^2}$$

Multiplicando e dividindo por c, obtemos:

$$v = \frac{e^2}{\hbar^2} \cdot \frac{c}{c} \rightarrow v = \alpha \cdot c$$

Enquanto não é possível chegar a esse nível de energia, teorias e ideias são formuladas acerca do que pode ocorrer nessa imensa faixa energética. Muitas teorias da grande unificação pressupõem a existência de uma nova simetria chamada de *supersimetria*, também conhecida como *SUSY*, na qual para cada partícula elementar é atribuído um superparceiro.

Composição da matéria

Basicamente, nessa teoria, as partículas e seus superparceiros correspondentes são iguais em tudo, com exceção do *spin*. Os léptons e os quarks que têm *spin* igual a 1/2 têm superparceiros de *spin* 0. Já os bósons de *spin* igual a 1 têm superparceiros de *spin* 1/2.

Os superparceiros dos férmions têm o mesmo nome, mas com o prefixo "s", ou seja, o superparceiro do elétron é o *selétron*. Já os superparceiros dos bósons têm o mesmo nome, mas com o sufixo "ino" – o superparceiro do glúon é o *gluíno*, por exemplo. Acompanhe a seguir, no Quadro 6.1, as partículas elementares e seus superparceiros de acordo com a GUT.

Quadro 6.1 – Partículas elementares e superparceiros

Partícula	Símbolo	*Spin*
Quark	q	$\frac{1}{2}$
Elétron	e	$\frac{1}{2}$
Múon	μ	$\frac{1}{2}$
Táuon	τ	$\frac{1}{2}$

Superparceiro	Símbolo	*Spin*
Squark	q	0
Selétron	e	0
Smúon	μ	0
Stáuon	τ	0

Partícula	Símbolo	*Spin*
W	W	1
Z	Z	1
Fóton	Y	1
Glúon	g	1
Higgs	H	0

Superparceiro	Símbolo	*Spin*
Wino	W	$\frac{1}{2}$
Zino	Z	$\frac{1}{2}$
Fotino	Y	$\frac{1}{2}$
Gluíno	g	$\frac{1}{2}$
Higgsino	H	$\frac{1}{2}$

Considerando-se a supersimetria como certa, então as partículas e seus superparceiros teriam a mesma massa. Se assim fosse, já seria possível observar os superparceiros. No entanto, não é o que acontece. Como não há como observá-los, a teoria da supersimetria postula que as massas dos superparceiros são maiores que as massas das partículas W e Z. Com essa hipótese, ela direciona para uma energia de unificação compatível com o valor obtido por extrapolação, para um tempo de vida do próton compatível com os valores obtidos experimentalmente e para um valor unificado da constante de acoplamento, também compatível com as extrapolações atuais.

Composição da matéria

Associada à SUSY, existe ainda a teoria das cordas, de acordo com a qual as partículas elementares são tratadas como pequenas cordas que vibram em dez ou mais dimensões. Tais dimensões são adicionadas por serem necessárias para eliminar os problemas teóricos em relação à quantização da interação gravitacional. De fato, os físicos se dividem em suas opiniões acerca da teoria das cordas: alguns a consideram o ponto de partida para uma teoria de tudo; outros, porém, afirmam que não. Na realidade, não há comprovação experimental de que a teoria das cordas esteja correta.

Expansão da matéria

Muitas vezes, as teorias físicas são complexas e de elevado rigor matemático, o que dificulta seu entendimento por muitas pessoas. Dessa maneira, uma explicação mais simplificada e de menor teor matemático pode ser de grande auxílio para diversos leitores.

O artigo indicado explica que a teoria das cordas consiste em um grande campo de estudo da física que reúne os conhecimentos da relatividade geral e os fundamentos da mecânica quântica. Além disso, a apresentação moderna dessa teoria surgiu em 1984, por meio de John Schwarz e Michael B. Green. A nova descrição, popularmente chamada de *teoria das supercordas*, *cordas cósmicas* ou *superstrings*, unifica a teoria das cordas com a supersimetria.

HELERBROCK, R. Teoria das cordas. **Mundo Educação**. Disponível em: <https://mundoeducacao.uol.com.br/fisica/teoria-das-cordas.htm>. Acesso em: 5 mar. 2023.

Na teoria da grande unificação, quarks e léptons são considerados as mesmas partículas, chamadas de *leptoquarks*, mas em diferentes estados, que ocorrem simetricamente no mesmo multipleto. Tal fato seria suficiente para explicar por que o número de gerações de quarks é igual ao número de gerações de léptons. Além dessa conceituação, também há a previsão de que quarks podem se transformar em léptons, e vice-versa, assim como nêutrons e prótons podem trocar de identidade. Se isso fosse verdade, então o número bariônico deixaria de ser uma grandeza conservada e o próton não seria estável.

Em versões atuais da teoria da grande unificação, considera-se que o próton tem um tempo de vida que varia entre 10^{30} e 10^{33} anos, o que está em consonância com o fato de que a unificação das interações acontece apenas para energias muito elevadas. Experimentos realizados recentemente indicam um limite inferior para o tempo de vida do próton – aproximadamente, 10^{32} anos (Tipler; Llewellyn, 2014).

Expansão da matéria

Depois de formular a teoria da relatividade geral, em 1915, Einstein começou a trabalhar com a cosmologia, adotando a ideia inicial de que o Universo deveria ser homogêneo, isotrópico e invariável no tempo. Porém, ele percebeu que, por conta da gravitação, o Universo, que contém matéria, era incompatível com um modelo estático. Assim, o cientista introduziu em suas equações uma constante cosmológica, cometendo o que, mais tarde, veio a considerar o maior erro de sua vida.

Einstein foi um dos muitos pesquisadores que procuraram elaborar uma teoria unificada para as quatros interações conhecidas. É possível que esse intento não esteja muito distante de ser alcançado, pois, de acordo com Frank Wilczek, já foram observados resultados de uma teoria quântica da gravitação que concordam com os dados experimentais (Tipler; Llewellyn, 2014).

No livro *Como vejo o mundo*, é possível conhecer a mente do gênio Albert Einstein, suas ideias e ambições, desde suas teorias científicas até seus pensamentos políticos.

EINSTEIN, A. **Como vejo o mundo**. Tradução de H. P. de Andrade. 11. ed. Rio de Janeiro: Nova Fronteira, 1981. Disponível em: <https://blogdomiltonjung.files.wordpress.com/2013/02/como_vejo_o_mundo_(albert_einstein).pdf>. Acesso em: 5 mar. 2023.

Ainda, na energia de unificação, o número leptônico não seria conservado e poderiam ocorrer algumas reações que, até onde sabemos, são proibidas, tais como as seguintes:

Equação 6.17

$$\mu^- \rightarrow e^- + Y$$

Equação 6.18

$$\mu^+ \rightarrow e^+ + e^+ + e^-$$

Embora muitos estudos tenham procurado investigar tais possíveis reações, não se comprovou qualquer reação que viole a lei de conservação do número de léptons (Tipler; Llewellyn, 2014).

Outro conceito muito presente nas teorias propostas acerca da grande unificação é o de monopolos magnéticos, que são polos magnéticos isolados. Essa ideia foi apresentada pela primeira vez por Dirac em 1929 (Tipler; Llewellyn, 2014). Na ocasião, o cientista mostrou que a mecânica quântica relativística leva à quantização tanto da carga elétrica quanto da carga magnética. Nas teorias da GUT, a quantização da carga elétrica ocorre naturalmente, processo no qual são previstos monopolos magnéticos de carga q_m e massa M_m, os quais, teoricamente, têm massa da ordem de 10^{16} GeV/c^2.

Até o momento não existe um acelerador de partículas capaz de produzir energias tão elevadas. Além disso, o único monopolo magnético de que temos conhecimento foi supostamente observado em 1982 por B. Cabrera; entretanto, é incompatível com os limites atuais (Tipler; Llewellyn, 2014).

Como já foi mencionado, a gravitação quântica não faz parte da teoria do modelo padrão. Assim, adicioná-la às teorias da grande unificação se tornou um grande desafio para os físicos.

A esse respeito, uma das teorias que objetiva incorporar a gravidade quântica à GUT é a teoria das superfibras – a mais promissora. Nela, considera-se que as partículas fundamentais são fibras, e não pontos, tomando por base um Universo de dez dimensões, em que nove são espaciais e uma é temporal, sendo que seis das dimensões espaciais têm curvaturas tão grandes que não podem ser observadas. Como o comprimento das fibras é da ordem de 10^{-35} m, significa que está fora dos limites de medição.

A teoria das superfibras inclui a gravidade quântica e as teorias de calibre, sendo os valores dos bósons os mediadores corretos. Embora venha sendo bastante estudada, não foi comprovada experimentalmente até o momento.

Quando aplicamos o modelo padrão à evolução do próprio Universo, vemos que perguntas básicas seguem sem respostas. Por exemplo:

- O Universo continuará a se expandir para sempre?
- O Universo se contrairá, levando a uma repetição do Big Bang?

As respostas para tais questionamentos, antes da descoberta da energia escura, relacionavam a verificação da densidade de matéria no Universo, avaliando se esta seria maior ou menor que a densidade crítica de 10^{-26} kg/m^3. De toda forma, para que realmente seja possível responder a perguntas como essas, primeiro se faz necessário investigar os limites teóricos de nossas observações, ou seja, os limites de nosso próprio conhecimento.

Radiação residual

Neste capítulo, apresentamos o conceito do modelo padrão. Para facilitar a compreensão desse modelo, propusemos uma revisão das partículas, dividindo-as em férmions e bósons, hádrons e léptons e partículas e antipartículas. Dessa maneira, buscamos esclarecer a relação de tais partículas com as equações da QED e da QCD. Também discutimos a teoria dos quarks, que se propõe a explicar a estrutura das partículas. Nessa teoria, todos os bárions são constituídos por três quarks, e todos os mésons são formados por um quark e um antiquark.

Além disso, abordarmos as interações forte, fraca e eletrofraca, mencionando os pontos relevantes de cada uma delas. Em seguida, tratamos do campo de Higgs, que consiste em um campo que existe no Universo e no qual as partículas acabam se chocando, processo em que elas adquirem massa. Esse evento nos permite afirmar que o mecanismo de Higgs pode ser considerado como a origem das massas de todas as partículas elementares.

Na sequência, tratamos da teoria sobre as massas dos bósons de calibre e dos férmions, bem como das transformações de calibre e dos grupos de calibre. Em seguida, apresentamos o modelo padrão, por muitos considerado uma teoria não fundamental. Por essa razão, muitos físicos seguem procurando por uma teoria capaz de explicar a relação das quatro interações da natureza, denominada *teoria da grande unificação*.

Testes quânticos

1) Explique o que é o mecanismo de Higgs.

2) De que maneira funciona a teoria da grande unificação (GUT, do inglês *Grand Unified Theory*)?

3) Nas assertivas a seguir, assinale V para as verdadeiras e F para as falsas.
   ( ) Os bósons são partículas fundamentais, sendo os transmissores das interações na natureza. Têm

spin inteiro e não obedecem ao princípio de exclusão de Pauli.

( ) Os férmions são partículas fundamentais que constituem a matéria. Têm *spin* semi-inteiro e obedecem ao princípio de exclusão de Pauli.

( ) O bóson de Higgs não é um bóson de calibre.

( ) Os bósons de calibre são descritos por equações de campo para partículas que têm massa, e as forças que os descrevem devem ser de curto alcance.

Agora, assinale a alternativa que apresenta a sequência correta:

a) V, V, V, F.

b) F, V, V, F.

c) F, F, F, V.

d) V, F, F, V.

e) V, F, F, F.

4) No modelo padrão, os bósons W e Z adquirem massa por meio do campo de Higgs. O valor obtido pelo método experimental para a massa do bóson W é:

a) $m_W = 108,853 \pm 0,015$ GeV.

b) $m_W = 28,385 \pm 0,055$ GeV.

c) $m_W = 385,80 \pm 0,05$ GeV.

d) $m_W = 60,583 \pm 0,025$ GeV.

e) $m_W = 80,385 \pm 0,015$ GeV.

5) Avalie as sentenças a seguir.

I) Na teoria da supersimetria, as partículas e seus superparceiros correspondentes são iguais em tudo.

II) Os bósons que apresentam *spin* igual a 1 têm superparceiros de *spin* 1/2.

III) Na teoria da supersimetria, o superparceiro do glúon é o selétron.

Está(ão) correta(s) a(s) sentença(s):

a) I, apenas.
b) II, apenas.
c) I e III.
d) I e II.
e) I, II e III.

Interações teóricas

Computações quânticas

1) O que você pensa sobre a teoria das cordas, segundo a qual as partículas elementares são tratadas como pequenas cordas que vibram em dez ou mais dimensões?

2) Em versões atuais da teoria da grande unificação, considera-se que o próton tem um tempo de vida que varia entre 10^{30} e 10^{33} anos. Como somos feitos de átomos, possuímos prótons, elétrons e nêutrons. Nesse sentido, por que não temos um tempo de vida igual ao do próton?

Relatório do experimento

1) Realize uma pesquisa com familiares e amigos sobre as teorias mais recentes da física, como a teoria das cordas e o Big Bang, por exemplo, e investigue o que eles pensam a respeito da teoria da unificação. Compare as respostas dadas com as informações apresentadas neste capítulo.

Além das partículas elementares

Em comparação com algumas décadas ou até mesmo séculos atrás, a física como a conhecemos hoje é muito diferente. Ao longo da história, ela foi sendo modificada e, embora seja uma construção humana, está presente em toda parte. Partindo dessa perspectiva, com o intento de dominar o conhecimento sobre a natureza, os seres humanos vêm construindo e testando novos modelos do Universo. Neste material, procuramos abranger uma pequena parcela dessa construção.

Por vezes, tratamos as partículas elementares como corpos que têm massa, visualizando seu comportamento e o modo como ocupam o lugar no espaço. Essa estratégia didática pode ser de grande auxílio, mas também representar um obstáculo para compreendermos, de fato, o domínio subatômico, pois uma partícula não é um mero corpúsculo, ao contrário do que se imaginava. Como vimos, algumas partículas chamadas *elementares* podem não ter massa, tampouco localização precisa.

Neste livro, recorremos a termos e propriedades que até algum tempo atrás não eram conhecidos, como o *spin*, uma propriedade fundamental das partículas elementares que descreve seu estado de rotação. Trata-se do *momentum* angular intrínseco das partículas e que, de acordo com a mecânica quântica, assume determinados valores, os quais sempre são números inteiros.

Ainda, examinamos as partículas que não têm massa, como os grávitons e os fótons, algo que, séculos atrás, seria muito difícil de aceitar. Entretanto, junto com a física, a matemática se desenvolveu e forneceu as bases teóricas por meio dos inúmeros experimentos já realizados. Em virtude dos avanços tecnológicos, os estudos passaram a ser mais precisos, contando com equipamentos sofisticados. Assim, tornou-se viável realizar previsões de partículas que até então não existiam, mas que depois foram detectadas. É exatamente o que acontece nos grandes aceleradores de partículas.

Muitas perguntas relacionadas às temáticas trabalhadas nesta obra ainda estão sem respostas. No entanto, o empenho e a dedicação dos cientistas certamente são garantias de que muitas teorias serão propostas na tentativa de solucionar essas várias incógnitas.

Esperamos ter contribuído com seus estudos em física das partículas e, ao mesmo tempo, proporcionado um material que lhe sirva de apoio durante toda a sua carreira.

Referências

ANSELMINO, M. et al. **Introdução à QCD perturbativa**. São Paulo: Grupo GEN, 2013.

BASSALO, J. M. F. **Eletrodinâmica quântica**. São Paulo: Livraria da Física, 2006.

ENDLER, A. M. F. **Introdução à física de partículas**. São Paulo: Livraria da Física, 2010.

FREIRE JR., O.; PESSOA JR., O.; BROMBERG, J. L. (Org.). **Teoria quântica**: estudos históricos e implicações culturais. Campina Grande: EDUEPB; São Paulo: Livraria da Física, 2011.

GPET – Grupo Programa de Educação Tutorial. **Prêmio Nobel em Física – 2008**. 18 out. 2018. Disponível em: <https://www3.unicentro.br/petfisica/2018/10/18/premio-nobel-em-fisica-2008-2/>. Acesso em: 16 maio 2023.

HALLIDAY, D.; RESNICK, R. **Fundamentos de física**. Tradução de Ronaldo Sérgio de Biasi. 10. ed. Rio de Janeiro: LTC, 2016. v. 4: Óptica e física moderna.

-HELERBROCK, R. Teoria das cordas. **Mundo Educação**. Disponível em: <https://mundoeducacao.uol.com.br/fisica/teoria-das-cordas.htm>. Acesso em: 5 mar. 2023.

SWISSINFO. **O novo acelerador de partículas de alta energia do CERN**. 29 jan. 2019. Disponível em: <https://www.swissinfo.ch/por/grandes-quest%C3%B5es_o-novo-acelerador-de-part%C3%ADculas-de-alta-energia-do-cern/44713876>. Acesso em: 5 mar. 2023.

TIPLER, P. A.; LLEWELLYN, R. A. **Física moderna**. Tradução de Ronaldo Sérgio de Biasi. 6. ed. Rio de Janeiro: LTC, 2014.

TIPLER, P. A.; MOSCA, G. **Física para cientistas e engenheiros**. 6. ed. Rio de Janeiro: LTC, 2009. v. 3: Física moderna: mecânica quântica, relatividade e a estrutura da matéria.

Partículas comentadas

ANSELMINO, M. et al. **Introdução à QCD perturbativa**. São Paulo: Grupo GEN, 2013.

Esse livro traz uma abordagem moderna e fenomenológica que nos ajuda a refletir sobre os conceitos referentes à QCD perturbativa. A obra apresenta discussões sobre a evolução histórica que deu origem a uma nova teoria dinâmica para as interações fortes. Os exemplos envolvendo processos inclusivos e exclusivos são atuais e contextualizados com as descobertas científicas.

BASSALO, J. M. F. **Eletrodinâmica quântica**. São Paulo: Livraria da Física, 2006.

Destinada a estudantes de graduação em Física, essa obra apresenta tópicos de eletrodinâmica quântica. Em algumas partes do livro, os textos e os problemas são mais detalhados e aprofundados, razão pela qual o leitor precisa aguçar a concentração para abordá-los.

FREIRE JR., O.; PESSOA JR., O.; BROMBERG, J. L. (Org.). **Teoria quântica**: estudos históricos e implicações culturais. Campina Grande: EDUEPB; São Paulo: Livraria da Física, 2011.

Essa obra trata de muitos aspectos históricos relacionados à teoria quântica, tanto em sua criação como ao longo de seu desenvolvimento. Ela abrange as grandes implicações filosóficas e culturais que cercam essa teoria. Trata-se de uma leitura crítica que discute os problemas vinculados aos conceitos de pesquisa e ensino, bem como à difusão cultural da física quântica.

HALLIDAY, D.; RESNICK, R. **Fundamentos de física**. Tradução de Ronaldo Sérgio de Biasi. 10. ed. Rio de Janeiro: LTC, 2016. v. 4: Óptica e física moderna.

Esse livro traz uma didática excelente, pois seu conteúdo é apresentado de modo claro, contribuindo para facilitar seu entendimento. Destina-se, principalmente, ao ensino de Física para os mais diversos cursos de graduação em Ciências Exatas. Em 2002, foi eleita pela American Physical Society como o melhor livro introdutório de física do século XX.

TIPLER, P. A.; LLEWELLYN, R. A. **Física moderna**. Tradução de Ronaldo Sérgio de Biasi. 6. ed. Rio de Janeiro: LTC, 2014.

Essa obra nos leva à reflexão a respeito das muitas descobertas que acontecerem nos últimos tempos, as quais ampliaram as perspectivas da física moderna. Além disso, os autores se preocuparam em abordar a evolução no ensino de Física em faculdades e universidades, trabalhando os conteúdos de uma maneira bastante didática.

Respostas

Capítulo 1

Testes quânticos

1) Devemos analisar se a partícula está ou não ligada ao núcleo do átomo. Na interação forte, as partículas elementares se mantêm juntas no núcleo atômico, enquanto as interações fracas são aquelas que explicam os processos radiativos de decaimento.
2) Os bárions apresentam momento angular intrínseco, ou seja, *spin* igual a 1/2, 3/2, 5/2 etc., são partículas mais pesadas e pertencem ao núcleo. Já os mésons têm massa intermediária – entre as massas do elétron e do próton – e têm *spin* igual a 0, 1, 2 etc.
3) c

   (V) As partículas que participam de interações fortes são chamadas de *hádrons* e entre elas estão os bárions.

   (F) Os hádrons são as partículas que participam das interações fortes.

   (V) Todos os mésons são partículas com *spin* igual a 0, 1, 2 etc.

   (F) Os léptons são considerados partículas elementares, ou seja, não são compostos por outras partículas.

4) b

Entre as opções de respostas, só se faz referência à propriedade associativa, na qual a ordem dos fatores não importa, pois o resultado será o mesmo. Assim, para $x * y = \frac{x+y}{2}$, temos que:

$\forall\, a, b, c \in R$

$$(a*b)*c = a*(b*c)$$

$$\frac{a+b}{2} * c = a * \frac{b+c}{2}$$

$$\frac{\frac{a+b}{2} + c}{2} = \frac{a + \frac{b+c}{2}}{2}$$

$$\frac{\frac{a+b+2c}{2}}{2} = \frac{\frac{2a+b+c}{2}}{2}$$

$$\frac{a+b+2c}{2} \cdot \frac{1}{2} = \frac{2a+b+c}{2} \cdot \frac{1}{2}$$

$$\frac{a+b+2c}{4} \neq \frac{2a+b+c}{4}$$

Observe que a igualdade não se mantém. Portanto, a operação * não é associativa.

5) e

I. (Falsa) O pósitron é a antipartícula do elétron, proposta por Dirac em 1927; quando estes se aniquilam, dois fótons são liberados.

II. (Verdadeira) Paul Dirac previu a existência de uma partícula que tem as mesmas características de um elétron, mas com sinal oposto, chamada de *antipartícula*, necessária para satisfazer às teorias quântica e da relatividade.

III. (Verdadeira) A energia produzida em colisões de partículas, provocadas nos aceleradores de partículas, pode ser convertida em pares de prótons e antiprótons, em um processo contrário ao da aniquilação.

Interações teóricas

Computações quânticas

1) O aluno deve refletir sobre como os cientistas se interessam pelo comportamento das partículas, bem como a respeito do avanço das tecnologias envolvidas para explicar o funcionamento delas.
2) O aluno deve refletir acerca dos avanços das teorias e das descobertas da física no decorrer da história, as quais estão em constante evolução. Assim, a antiterra seria uma versão da Terra; mas o contrário, como sugerem os pares partículas-antipartículas, não pode ser descartado.

Capítulo 2

Testes quânticos

1) Uma das formas de explicar o choque entre as partículas é fazer uma analogia com uma mesa de bilhar, sendo que as bolas representam as partículas. No choque entre uma bola e outra, entre os fenômenos físicos observados ocorre a conservação da energia e do momento, por exemplo.

2) Os fótons que compõem a luz se propagam como ondas eletromagnéticas e trocam energia como partículas. Assim, é necessário realizar o cálculo da probabilidade numérica para que um fóton seja detectado em pequeno volume, pois sua propagação é dada por uma função de onda.

3) b

(F) No espalhamento inelástico, o estado não se conserva, uma vez que a amplitude da onda emergente é menor que a da onda incidente.

(F) O espalhamento Bhabha consiste na interação entre um elétron e um pósitron.

(V) Compton observou em seu espalhamento que o elétron recua absorvendo energia e o fóton espalhado tem menor energia.

(V) O espalhamento da luz por um elétron é considerado uma colisão entre um fóton de momento e um elétron estacionário.

4) c

Como a velocidade da partícula é constante, a probabilidade de encontrá-la em um ponto entre as paredes é:

$$\int_{-\infty}^{+\infty} P(x)dx = 1$$

$$\int_{-\infty}^{0} P(x)dx + \int_{0}^{5\text{ cm}} P(x)dx + \int_{5\text{ cm}}^{\infty} P(x)dx = 1$$

$$0 + \int_{0}^{5\text{ cm}} P_0 dx + 0 = 1$$

$$P_0 \cdot (5\ \text{cm}) = 1$$

$$P_0 = \frac{1}{5\ \text{cm}}$$

Como a densidade de probabilidade é igual para todos os pontos, calculamos:

$$P(x) = P_0 \cdot \Delta x = \frac{1}{5\ \text{cm}} \cdot 2\ \text{cm} = 0{,}4$$

5) e

I. (Verdadeira) As partículas de matéria que têm número de *spin* como o elétron, de *spin* $\frac{1}{2}$, são chamadas de *férmions*.

II. (Verdadeira) Uma função de onda descreve o estado quântico. Isso significa que é possível determinar os valores médios da posição, do momento linear, da energia e do momento angular das partículas.

III. (Verdadeira) Para ondas estacionárias, a densidade de probabilidade não depende do tempo.

Interações teóricas

Computações quânticas

1) O aluno deve refletir sobre o fato de não ser possível quantizar a energia em um sistema de partículas. Como exemplo, se um elétron estiver ligado ao próton, ele terá sua energia quantizada.

2) Em sua reflexão, o aluno deve considerar que o elétron não gira em torno do núcleo atômico em uma órbita circular clássica.

Capítulo 3

Testes quânticos

1) Pela definição, no espalhamento elástico, após o processo de colisão, o elétron incidente e o espalhado têm a mesma energia e o alvo permanece no mesmo estado. É possível associar esse fenômeno a uma bola de boliche que acerta uma parede; esta não é deslocada após o choque, e parte da energia da bola é transferida para a parede.
2) No processo de espalhamento inelástico profundo, o elétron e é lançado contra um próton p e, após a colisão, apenas o elétron é completamente identificado, isto é, o próton se fragmenta em um sistema X de partículas. Desse modo, podemos imaginar uma situação em que uma bola atinge um vaso de porcelana que, logo após, se quebra em pequenos pedaços.
3) e

   (F) No modelo a pártons, o próton não é considerado uma partícula elementar, pois é constituído de outras partículas elementares.

   (V) No modelo a pártons, o fóton virtual γ^* emitido pelo elétron terá interação com os constituintes internos do próton. Diante disso, podemos entender a seção de choque como uma soma das seções individuais.

(V) Na ideia de *scaling* de Bjorken, as funções de estrutura dependem de uma única variável, pois havia dependência de E e Q^2 separadamente.

(F) A variável conhecida como *x* de Bjorken assume valores $0 < x < 1$.

4) a

A seção de choque total de um espalhamento geométrico de uma partícula por uma esfera rígida de raio R é dada pela expressão:

$\sigma = \pi R^2$

O valor do raio R é 50 fm. Convertendo-o para metro, fica $50 \cdot 10^{-15}$ m. Substituindo o valor do raio R fornecido, temos:

$$\sigma = \pi \left(50 \text{ fm}\right)^2$$

$$\sigma = \pi \left(50 \cdot 10^{-15} \text{ m}\right)^2$$

$$\sigma = \pi 50^2 \cdot \left(10^{-15} \text{ m}\right)^2$$

$$\sigma = 7853{,}98 \cdot 10^{-30} \text{ m}^2$$

5) a

I. (Verdadeira) A carga de cor está relacionada à interação forte, que descreve as interações fortes entre partículas.

II. (Falsa) A liberdade assintótica ocorre em altas energias. Logo, para pequenas distâncias, os quarks são tratados como quase livres, relacionando-se ao comportamento da constante de acoplamento variável da interação forte.

III. (Falsa) A carga de cor se relaciona com a interação forte e apresenta três valores diferentes: vermelho, verde e azul.

Interações teóricas

Computações quânticas

1) Em suas reflexões, o aluno deve indicar que, após o choque, pode se formar algo semelhante a uma fumaça de quarks e glúons isolados, em um intervalo pequeno de tempo.
2) O aluno deve refletir sobre o fato de que, nos experimentos realizados de colisão de partículas em altas energias, vários quarks e glúons são criados, partículas elementares que formam o próton. No entanto, existe a possibilidade de que, no futuro, com o avanço da ciência, seja possível evidenciar que mesmo os quarks e os glúons não são partículas fundamentais.

Capítulo 4

Testes quânticos

1) Pela definição do potencial da interação forte, o potencial aumenta à medida que o valor de r aumenta. Assim, a força associada a essa interação tende a um valor constante diferente de zero para grandes valores de r. Isso explica o fenômeno chamado de *confinamento dos quarks*.

2) O *scaling* de Bjorken despreza as componentes dos *momenta* dos pártons, transversais ao movimento do próton. Entretanto, antes de ser espalhado, um quark pode emitir um glúon e adquirir uma componente de *momentum* transversal na direção de seu movimento inicial ao interagir com um fóton. Assim, corrigem-se as funções de estrutura e as distribuições dos quarks e dos glúons no interior dos núcleons, estendendo o modelo aos pártons.

3) a

(V) No processo de emissão de glúons, ocorre o acréscimo do processo elementar $\gamma q \rightarrow q$ e do processo $\gamma q \rightarrow qg$.

(V) No processo elementar fóton-párton $\gamma g \rightarrow q\bar{q}$, o fator Q^2 é o módulo do quadrado do quadrimomentum do fóton.

(F) O processo Drell-Yan consiste em uma análise por meio da qual é possível ocorrer a colisão entre um párton de um próton e um párton do outro próton, criando um bóson virtual, que pode ser o Z ou o fóton que decai em um par de léptons.

(F) No processo Drell-Yan $p + p \rightarrow \mu^+\mu^- + X$, X representa todas as outras partículas do estado final do processo.

4) c

A função do potencial é

$$V_{QCD}(r) = -\frac{4\alpha_s}{3r} + kr$$

Substituindo os valores, temos:

$$2(\text{GeV}) = -\frac{4 \cdot \alpha_s}{30,9(\text{fm})} + 0,3\left(\frac{\text{GeV}}{\text{fm}}\right) \cdot 0,9(\text{fm})$$

$$2(\text{GeV}) - 0,3(\text{GeV/fm}) \cdot 0,9(\text{fm}) = -\frac{4 \cdot \alpha_s}{3 \cdot 0,9(\text{fm})}$$

$$\frac{\left(2(\text{GeV}) - 0,3(\text{GeV/fm}) \cdot 0,9(\text{fm})\right) \cdot 3 \cdot 0,9(\text{fm})}{-4} = \alpha_s$$

$$\alpha_s = -1,16 \text{ GeV.fm}$$

5) c

I. (Falsa) Na emissão de um glúon verde-antivermelho, um quark *down* muda de verde para vermelho.

II. (Falsa) Na emissão de um glúon azul-antiverde por um glúon azul-antivermelho, o glúon azul-antivermelho muda para verde-antivermelho.

III. (Verdadeira) Na emissão de um glúon azul-antiverde por um glúon azul-antivermelho, este muda para verde-antivermelho.

Interações teóricas

Computações quânticas

6) Em suas reflexões, o aluno deve considerar que, provavelmente, os quarks poderiam afastar-se uns dos outros e, quanto maior fosse o valor de *r*, menor seria a força entre eles, como acontece nas forças elétrica e gravitacional.

7) O aluno deve levar em conta que, em tais processos de hadronização, a energia segue as regras e as leis de conservação.

Capítulo 5

Testes quânticos

1) Quando um processo físico é observado em um espelho, faz-se necessário seguir as mesmas leis do processo não refletido, sendo este a conservação da paridade. No caso do decaimento beta, a simetria é quebrada na interação fraca, pois o operador hamiltoniano não é invariante sob o efeito do operador de inversão espacial em que se observa a paridade violada.
2) O fato de a massa dos neutrinos ser muito menor que 1 eV faz com que a grande maioria deles atravesse a matéria sem se chocar com outras partículas.
3) b

(V) De fato, constatou-se que, a cada 1.000 decaimentos, o káon longo K_L^0 tem um decaimento de apenas dois píons, implicando a violação da invariância T.
(F) A paridade não se conserva nas interações fracas, ou seja, se TCP = +1, uma das outras operações também não pode ser conservada.
(V) Nas teorias quânticas relativísticas, a velocidade dos sinais não pode ultrapassar a velocidade da luz. Isso significa que as operações de inversão do tempo,

da conjugação de carga e de paridade mantêm as funções de onda inalteradas.

(F) Em experimentos, observou-se que a energia de repouso dos neutrinos não é nula, pois, como é previsto, eles apresentam uma pequena massa de repouso.

4) d

O tempo que os múons levam para percorrer os 10 km na previsão não relativística é:

$$t = \frac{\Delta x}{\Delta v} = \frac{10\,000\text{ m}}{0{,}998c} \approx 33{,}4\ \mu s$$

Aplicando a relação para determinar o número de múons no tempo de $33{,}4\ \mu s$, temos:

$$N(t) = N_0 e^{(-t/\tau)}$$

$$65 = N_0 e^{(-33{,}4\mu/2\mu)}$$

$$65 = N_0 e^{(-16{,}7)}$$

$$N_0 = \frac{65}{e^{(-16{,}7)}} = 65 \cdot e^{(16{,}7)} = 1 \cdot 163 \cdot 137 \cdot 892{,}77 \approx 1{,}16 \cdot 10^9$$

5) c

I. (Verdadeira) O píon é uma partícula formada por um quark e um antiquark.

II. (Falsa) Os múons são produzidos nas interações de raios cósmicos, e seu decaimento produz três partículas, que devem incluir o elétron e dois neutrinos.

III. (Verdadeira) Os píons podem ser produzidos em aceleradores de alta energia na colisão entre hádrons e, também, na interação entre os raios cósmicos e a matéria na atmosfera da Terra.

Interações teóricas

Computações quânticas

1) O aluno deve considerar um caso em que podemos avaliar o conceito da violação ou não da paridade. Um exemplo seria imaginar uma pessoa em frente a um espelho, acenando com a mão direita, com duas câmeras filmando o processo: uma grava diretamente a pessoa, e a outra, a imagem no espelho. Na primeira câmera, temos a imagem de uma pessoa acenando com a mão direita e, na segunda, a mesma pessoa acenando com a mão esquerda. Para esse caso, a simetria P é violada.
2) Em suas reflexões, o aluno deve considerar que, como a massa dos neutrinos é muito pequena, não há interação com outras partículas, ou seja, a matéria pode ser atravessada com facilidade. Em sua trajetória, os neutrinos não sofrem desvios, portanto é possível que sejam utilizados para transportar informações.

Capítulo 6

Testes quânticos

1) Trata-se de um campo de Higgs que ocupa o Universo. As partículas acabam permanentemente se chocando com esse campo e, em tal interação, adquirem massa. Basicamente, é uma teoria que nos permite entender por que algumas partículas elementares têm massa, mas outras não.

2) Com a unificação das interações eletromagnéticas e da interação fraca na teoria eletrofraca, a intenção era incluir em uma única teoria as interações forte e gravitacional, configurando a teoria da grande unificação.

3) a

(V) Os bósons são partículas fundamentais, sendo os transmissores das interações na natureza. Têm *spin* inteiro e não obedecem ao princípio de exclusão de Pauli.

(V) Os férmions são partículas fundamentais que constituem a matéria. Têm *spin* semi-inteiro e obedecem ao princípio de exclusão de Pauli.

(V) O bóson de Higgs é o único bóson que não é de calibre.

(F) Os bósons de calibre são descritos por equações de campo para partículas que não têm massa, e as forças que os descrevem devem ser de longo alcance.

4) e

$m_W = 80{,}385 \pm 0{,}015\ \text{GeV}$

5) b

I. (Falsa) Na teoria da supersimetria, as partículas e seus superparceiros correspondentes são iguais em tudo.

II. (Verdadeira) Os bósons que apresentam *spin* igual a 1 têm superparceiros de *spin* 1/2.

III. (Falsa) Na teoria da supersimetria, o superparceiro do glúon é o gluíno. Selétron é o superparceiro do elétron.

Interações teóricas

Computações quânticas

1) A reflexão do aluno deve considerar que as partículas, quando vistas de muito perto, deixam de ser matéria, de forma que o que pode ser visto são apenas vibrações, tal como se fossem cordas, emitindo energia e frequências.
2) Em suas reflexões, o aluno deve indicar que, apesar de todos os seres vivos serem constituídos de átomos – os quais, por sua vez, apresentam prótons, elétrons e nêutrons –, os organismos são compostos de células, ou seja, os átomos se unem formando órgãos, tecidos etc., e tais células se deterioram quando o organismo deixa de duplicá-las ou de criar outras novas.

Sobre o autor

Cleverson Alessandro Thoaldo é graduado em Licenciatura Plena em Matemática (2006) pela Universidade Tuiuti do Paraná (UTP), tem especialização em Ensino de Matemática (2009) pela Universidade Federal do Paraná (UFPR) e é mestre em Métodos Numéricos em Engenharia (2011) também pela UFPR. Atualmente, é professor dos cursos de graduação da UTP e da Universidade Fael (Unifael). Trabalhou na rede estadual de educação do Paraná, em que lecionou para o ensino fundamental e o ensino médio.

Os papéis utilizados neste livro, certificados por instituições ambientais competentes, são recicláveis, provenientes de fontes renováveis e, portanto, um meio responsável e natural de informação e conhecimento.

Impressão: Reproset